Lotus corniculatus
Geranium molle
Anemone ranunculoides
Salvia
Tussilago farfara
Hordeum murinum
Carex montana
Caltha palustris
Lamium amplexicaule
Trifolium pratense
Dactylis glomerata
Sanguisorba minor
Epimedium
Aphanes arvensis
Plantago

STADT WILD PFLANZEN

Jonas Frei

52 Ausflüge in die urbane Pflanzenwelt

STADT WILD PFLANZEN

Mit Hintergrundwissen zur Stadtvegetation

at VERLAG

»Aber die Pflanze verfällt nie in nur nüchterne Sachlichkeitsgestaltung; sie formt und bildet nach Logik und Zweckmäßigkeit und zwingt mit Urgewalt alles zu höchster künstlerischer Form.«

Karl Blossfeldt, 1865–1932

Herzgespann (*Leonurus cardiaca*).

Löwenmaul (*Antirrhinum majus*) in Zürich.

Herbarbeleg: Viersamige Wicke (*Vicia tetrasperma*).

INHALT

PFLANZENVIELFALT IN DER STADT

52 AUSFLÜGE IN DIE URBANE PFLANZENWELT

Herbarbeleg: Scharfer Hahnenfuß (*Ranunculus acris*).

Herbarbeleg: Breitblättrige Platterbse (*Lathyrus latifolius*).

VORWORT

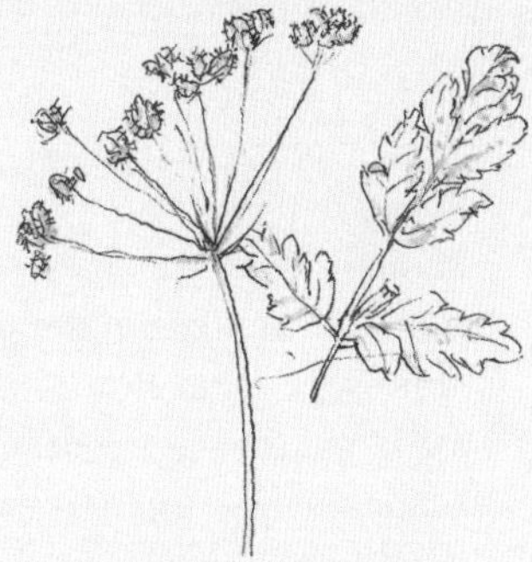

Natur und Stadt? Kein Gegensatz! Denn aus allen Fugen wachsen Pflanzen, wenn man sie nur lässt. Heute ist deren Artenvielfalt in besiedelten Gebieten vielerorts höher als in den umgebenden Landwirtschaftszonen. Denn so wie eine Wiese durch die Wiesenpflanzen charakterisiert wird, ein Wald durch die Waldpflanzen, findet man auch in der Stadt eine einzigartige Vegetation, die auf Bordsteinfugen, Mauern, Brachen und verwilderte Gartenbeete spezialisiert ist. Manch eine Rarität wächst hier direkt am Straßenrand völlig unbeachtet vor sich hin. Von dieser Beobachtung begeistert, habe ich botanisiert, fotografiert, dokumentiert und in Skizzen festgehalten, um zu erkunden, welche Arten an Wegrändern, auf städtischen Brachen, unter den Hecken der Stadtparks und in den Ritzen der versiegelten Platzbeläge wachsen. Die größer werdende Akzeptanz gegenüber den wilden Pflanzen der Stadt führt zu mehr Biodiversität im urbanen Umfeld.

Die Stadtnatur ist so vielfältig und kosmopolitisch wie die hier wohnenden Menschen. Aus ihrer Zusammenstellung können wir nicht nur Erkenntnisse über die Pflanzen, sondern auch über unsere eigene Geschichte gewinnen. Das Stadtklima wirkt wie ein Magnet auf viele Pflanzenarten, die hier ein vielfältiges, klimatisch günstiges Habitat finden. Manche sind so gut an die klimatischen Bedingungen des urbanen Raums angepasst, dass sie sonst nirgendwo in Mitteleuropa gedeihen können. Mitten in der Innenstadt findet sich an den Mauern das aus Mexiko stammende

Skizze: Wald-Borstendolde oder Gewöhnlicher Klettenkerbel (*Torilis japonica*).
Linke Seite: Gewöhnliches Greiskraut (*Senecio vulgaris*) und das Behaarte Schaumkraut (*Cardamine hirsuta*) in einer Plattenfuge.

Mauer-Gänseblümchen neben dem südalpinen Gelben Lerchensporn. In den Fugen der gepflasterten Altstadtgassen wachsen seltene Nagel- und Bruchkräuter. Und überraschend oft finden wir zwischen Rasengittersteinen und an Straßenrändern den Ackerfrauenmantel und die Ackerröte, die aus den meisten Äckern längst verschwunden sind.

Und so vielfältig die Städte in ihrer Diversität sind, so ähnlich sind sie sich auch in Bezug auf ihre Artenkombination. Die Globalisierung und ähnliche Wuchsbedingungen führen zu ähnlichen Pflanzenkombinationen in den Städten moderater Klimata um die ganze Welt. Darum bilden diese Einblicke in die Stadtflora auch einen Spiegel der globalisierten, vom Menschen gestalteten Welt: die Flora des Anthropozän.

Dieses Buch ist eine Einladung, die vielfältige und einzigartige Stadtnatur direkt vor der Haustür zu entdecken. Ob am Stück oder jede Kalenderwoche eines der 52 Kapitel für sich gelesen, bietet es einen vertieften Einblick in die Besonderheiten der Stadtvegetation – Woche für Woche parallel zur Entwicklung der Vegetation durch das gesamte Jahr.

Schon vor fast 100 Jahren schrieb der Pflanzenfotograf Karl Blossfeldt im Vorwort über eines seiner Werke Folgendes, das ich für die Porträts dieses Buches nicht passender formulieren könnte:

»Meine Pflanzenurkunden sollen dazu beitragen,
die Verbindung mit der Natur wieder herzustellen.
Sie sollten den Sinn für die Natur wieder wecken,
auf den überreichen Formenschatz in der Natur hinzuweisen
und zu eigener Beobachtung unserer heimischen
Pflanzenwelt anregen.«

Karl Blossfeldt, Wundergarten der Natur, 1932

Dreifinger-Steinbrech (*Saxifraga tridactylites*), eine Art, die den Sprung von Felsspalten in die Bahngleise und von da in die Städte geschafft hat.

ZUR GESTALTUNG DES BUCHES

WAHL DER ARTEN FÜR DIE PORTRÄTS Die abgebildeten und porträtierten Pflanzenarten sind typische Wildpflanzen, wie sie in den Städten spontan wachsen. Auch wenn sich meine Analyse der Vegetation besonders auf die Pflanzenarten von Zürich konzentriert, sind die abgebildeten Arten auch für viele andere mitteleuropäische Städte typisch. Wie im folgenden Kapitel beschrieben, führen verschiedene Faktoren zu einer Homogenisierung der Stadtfloren, und zwar nicht nur im deutschsprachigen Raum, sondern weit darüber hinaus.

Gleichzeitig ist die Pflanzenvielfalt der meisten Städte viel zu umfangreich und dynamisch, als dass sie im Rahmen eines solchen Buches vollumfänglich dargestellt werden könnte. So werden zwar in den meisten der 52 Kapitel Artengruppen und Phänomene vorgestellt, die repräsentativ für sehr viele Städte sind. Gleichzeitig rückt aber gelegentlich auch eine seltene Art in den Mittelpunkt, die wir nicht in jeder Stadt antreffen können oder deren Ausbreitung gerade erst begonnen hat. Dieser Einblick soll darum auch dazu einladen, selbst auf Entdeckungsreise zu gehen und die Vielfalt der städtischen Spontanflora zu erkunden.

Viele besonders häufige heimische Pflanzenarten werden nicht porträtiert, weil sie innerhalb und außerhalb der Städte ähnlich oft vertreten sind und insofern keine speziellen urbanen Pflanzen darstellen. Für diese Pflanzengruppe gibt es bereits sehr viel detaillierte Literatur. Dafür rücken die Besonderheiten der städtischen Lebensräume in den Fokus, und es wird auch manche Art bebildert, die noch nicht Einzug in die gängigen Florenwerke Mitteleuropas gefunden hat.

DAS BOTANISCHE JAHR IM WOCHENTAKT Die Reihenfolge der Kapitel in diesem Buch orientiert sich am Jahresverlauf. Die 52 Kapitel entsprechen dabei den 52 Kalenderwochen eines Jahres. Die Inhalte orientieren sich an Pflanzen, die in dieser Woche blühen, austreiben oder aus anderen Gründen interessant sind. Zu beachten ist dabei, dass klimatische Faktoren einige dieser Phänomene verzögern oder früher auslösen können, sodass der Kalender in diesem Buch von der saisonalen Entwicklung der Natur leicht abweichen kann. Zudem verschieben sich die Kalenderwochen von Jahr zu Jahr um einige Tage, und der Start von Woche 1 fällt selten auf den ersten Januar.

FOTOGRAFIEN, HERBARBELEGE UND SKIZZEN Alle verwendeten Fotografien, Herbarbelege und Skizzen wurden bei floristischen Aufnahmen in Städten von mir angefertigt. Dabei habe ich insbesondere die Städte Zürich und Basel besucht, aber auch viele andere in der näheren und weiteren Region, darunter Bern, Lausanne, Genf, München, Budapest, Prag, Wien, Dresden, Frankfurt am Main, Stuttgart, Bonn, Brüssel, Verona, Zagreb, Florenz, Paris und Bordeaux.

Die Skizzen stammen aus einem Natur-, Tage- und Skizzenbuch aus den Jahren 2019 bis 2021. Alle Arten wurden anhand von Pflanzen am Straßenrand direkt im Feld festgehalten. Für mich ist dies ein kontemplativer Prozess, bei dem das Augenmerk auf den Details der Arten liegt.

Die verwendeten Herbarbelege wurden im traditionellen Verfahren getrocknet, gepresst und archiviert. Von den rund 1000 Herbarbelegen zum Thema wurden einige wenige repräsentative für die Bebilderung ausgewählt. Bei vielen der dargestellten Arten handelt es sich um in der Stadt Zürich gefundene Individuen. Das Herbarisieren von Pflanzen stellt eine wichtige wissenschaftliche Tradition dar. Jede Pflanzenart ist anhand eines Typus-Herbarbelegs definiert, ähnlich dem Urmeter für das Längenmaß. Durch den genetischen Fingerabdruck und die morphologische Bestimmung kann jede gefundene Pflanze mit dem Originalbeleg abgeglichen und bestimmt werden. Durch den Trocknungsprozess und das Pressen sind Farbe und Abbild der Pflanzen jedoch oft weniger intensiv als jene der frischen Originale.

Heute sind in der Schweiz und in Deutschland etwa 30 Prozent der Pflanzenarten auf den nationalen Roten Listen als gefährdet aufgeführt. Obschon diese Gefährdung höchstens bei einigen besonders schön blühenden (und darum geschützten) Arten mit dem Abpflücken durch Sammelnde im Zusammenhang steht, empfehle ich das Anlegen eins Herbariums nur denjenigen, denen eine fotografische Mediathek zur Erarbeitung von Artenkenntnissen nicht genügt. Durch einen Blick auf die regionalen und nationalen Listen der gefährdeten und geschützten Arten sollte zudem sichergestellt werden, dass das Sammeln keine unnötige Belastung für bereits selten gewordene Arten darstellt und man sich nicht strafbar macht.

Herbarbeleg: Dreiteiliger Zweizahn (*Bidens tripartita*) von einer Baubrache.
Rechte Seite: Skizzenbucheintrag mit Kriechendem Hauhechel (*Ononis repens*) und Trauben-Gamander (*Teucrium botrys*).

23.06
ZH
Hartheu
Hypericum
Johanniskraut
25.06
Linaria
Blüte
rosa
Wolishofen
28.06
Petrorhagia
prolifera
Sprossende
Felsen-
nelke
ruderale
Art
Ononis repens
Kriechende
Hauhechel
Blüten rosa +
weiss,
Kriechende,
wenig aufrechte
Art.
Samen vergr.!
Teucrium
botrys
Trauben-
gamander
annuelle Art;
Ruderalstellen
Samenstand
0.2
0.2

PFLANZEN-
VIELFALT
IN DER
STADT

EINBLICKE IN DIE STADTFLORA

NATUR IN EINER GEBAUTEN UMWELT Seit es Städte gibt, finden sich in ihnen auch Tiere und Pflanzen, die mit städtischen Bedingungen besonders gut zurechtkommen. Schon der Zürcher Naturforscher Conrad Gessner hat im Jahr 1561 in seinem unvollendeten Werk »Horti Germaniae« 30 verschiedene Pflanzenarten beschrieben, die vor allem an den Stadtmauern wuchsen. Da Felsblöcke und andere geeignete Lebensräume (Habitate) für Mauerpflanzen auch damals in der umgebenden Landschaft nicht häufig waren, mussten diese Pflanzenarten Teil einer speziellen Stadtflora sein. Denn wie eine Ackerkultur über Jahrhunderte Begleitkräuter wie den Klatschmohn (*Papaver rhoeas*) oder die Kornblumen (*Centaurea cyanus*) gefördert hat, wurden mit dem Bau von Stadtmauern für Farne wie die Mauerraute (*Asplenium ruta-muraria*) gute Bedingungen geschaffen. Später kam an den Stadtmauern zum Beispiel das ursprünglich mediterrane Zimbelkraut (*Cymbalaria muralis*) hinzu, das schnell eine der häufigsten Mauerpflanzen wurde. Auch auf den Äckern sind durch natürliche Pflanzenmigration und durch den Menschen verfrachtet neue Arten hinzugekommen, etwa die mediterrane Saat-Wucherblume (*Chrysanthemum segetum*), eine zeitweise in Nordeuropa gefürchtete invasive Art, die heute vielerorts wieder selten ist.

So wie auf dem Acker der Umbruch, die Bodenstruktur und die Kulturfolge die Artenzusammensetzung der Begleitkräuter beeinflussen, haben die Düngung, die Exposition und der Schnittzeitpunkt wesentlichen Einfluss auf die Blütenpflanzen einer Wiese. Genauso ist es in der Stadt: Die Versieglung, die Abwärme, die Stadtbrachen, die verdichteten Böden am Wegrand, die Luftzusammensetzung, die Hundepinkelecke und das Streusalz sind Voraussetzung dafür, welche Pflanzen sich wo ansiedeln können. Diese Präferenz für städtische Lebensräume wird als »Urbanophilie« bezeichnet. Urbanophil sind Pflanzenarten, die in städtischen Verhältnissen bessere Habitatbedingungen finden als außerhalb. Es sind Pflanzen, die das Leben in der Stadt lieben, etwa weil sie den Umbruch einer Baubrache benötigen und im erwärmten Stadtklima besser wachsen. Es gibt natürlich auch Pflanzen, die wir fast nie in Städten finden, weil sie zum Beispiel als Moor- oder Waldpflanze in den oft exponierten, kurzlebigen städtischen Böden keine guten Lebensbedingungen finden. Und dann gibt es noch jene, die sowohl außerhalb wie auch innerhalb der Städte gleichermaßen vorkommen. Dazu zählen in Europa viele häufige Arten der Fettwiesen und Weiden, beispielsweise das Knäuelgras (*Dactylis glomerata*) oder die Schafgarbe (*Achillea millefolium*). Einige Arten sind in manchen Regionen typische Stadtpflanzen, in anderen Regionen zeigen sie diese Präferenz wiederum nicht. Weil in der Stadt der pH-Wert der Böden aufgrund von Kalk in Gesteinen, zum Beispiel in Kiesflächen oder im Zement, oft hoch ist, gelten kalkliebende Arten in bodensauren Regionen als Stadtpflanzen, während sie diese Präferenz in anderen Regionen nicht zeigen. Ein Beispiel hierfür ist die Gewöhnliche Waldrebe (*Clematis vitalba*), die in Städten eher selten vorkommt, aber in der bodensauren Region Berlins nur in den urbanen, kalkreicheren Gebieten überleben kann.

WO SIND ALL DIE BLUMEN HIN? Einst waren in Europa die Wiesen blumenreich, die Äcker rot und blau gesprenkelt von Mohn und Kornblumen, wie auf den Gemälden von Monet und Van Gogh. Der Blumen- und sinnbildlich

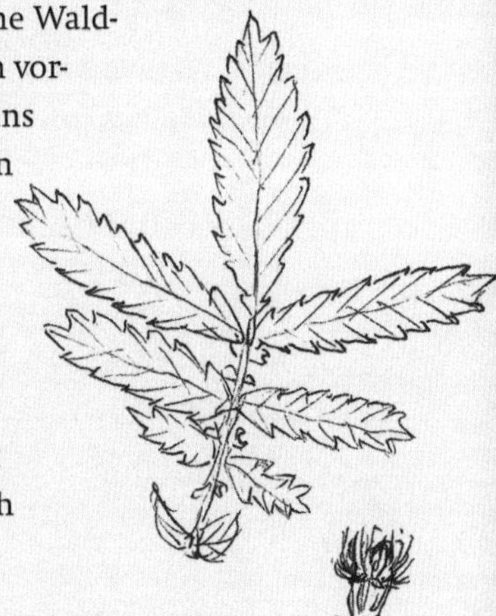

Skizze: Gewöhnlicher Odermennig (*Agrimonia eupatoria*).

der Artenreichtum der traditionellen Acker- und Weidelandschaft waren ihrer vielfältigen Struktur zu verdanken, aber auch den oft mageren Böden und der jahrhundertelangen, ähnlichen Kultur. Es war eine Kultur, die nicht viel abwarf. Die Erträge waren niedrig, die Felder klein. Dafür boten sie Lebensraum für unzählige Arten.

Viele Tiere und Pflanzen sind erst in diese Landschaft eingewandert, weil der Mensch kontinuierlich die Urwälder gerodet hat, die Mitteleuropa ansonsten bedecken würden. Solange diese Eingriffe des Menschen die Vielfalt der Habitate erhöhten, wurde Raum für eine neue, heute als heimisch betrachtete Biodiversität geschaffen. Weder den Weißstorch, den Feldhasen noch den Klatschmohn könnten wir zu den heimischen Arten zählen, hätte der Mensch nicht die für diese Arten geeigneten Habitate in Mitteleuropa geschaffen. Wärmeliebende Arten sowie solche, die offene Wiesen brauchen, wären ohne die traditionelle Kulturlandschaft nur im natürlichen Grasland Osteuropas und im mediterranen Raum heimisch. Die über Jahrtausende kultivierte, kleinräumige Kulturlandschaft aus Wäldern, Weiden, Äckern, Ur- und Kulturwäldern hat jene Artenvielfalt erst ermöglicht, die wir heute einheimisch nennen. Der Naturschutz, besonders in Europa, orientiert sich über weite Teile am Idealbild dieser Landschaft, wenn es um den Schutz von Insekten, Pflanzen oder selten gewordenen Vogelarten geht.

Obschon also die Artenvielfalt Europas durch den Menschen stark positiv mitgeprägt wurde, sind wir auf dem Weg, alles wieder zu verlieren und der menschenbeeinflussten Vielfalt eine menschengemachte Einfalt gegenüberzustellen. Während ein Acker über Jahrtausende nicht nur dem Getreide, sondern auch dem Mohn, der Kornblume, der Kornrade und dem Erdrauch eine Heimat

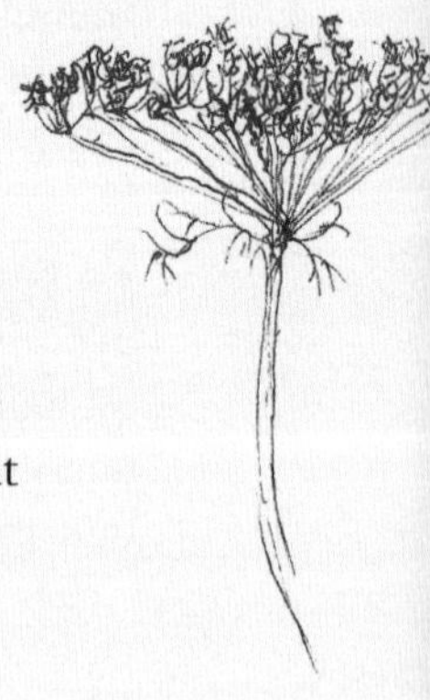

Skizze: Samenstand der Wilden Möhre (*Daucus carota*), die fast weltweit zu den häufigen Stadtpflanzen gehört.

war, der Wachtel ein Ort zum Brüten und dem Feldhasen eine Kinderstube, so sind diese Flächen heute vielerorts Teil einer industriellen Bewirtschaftung und kein Lebensraum mehr. Die größtmögliche Produktion von Nahrungsmitteln war zwar schon immer Ziel der Ackerbauern, auch als die Äcker noch rot und blau vor Blumen leuchteten. Geändert hat sich nicht das Ziel der Bewirtschaftung, sondern die Methode. Düngung, Saatgutreinigung, Herbizide, neue und effizientere Bewirtschaftungsmethoden, größere Maschinen sowie dichtere Felder lassen keinen Raum mehr für diese Werte der Natur, die einst mit der Produktion einhergegangen sind.

Den Garten Eden des Naturschutzes, die liebliche, unendlich lebendige Welt der traditionellen Landwirtschaft haben wir in Mitteleuropa fast komplett verloren, weil sie eines nicht war, was unsere Landschaft heute ist: ertragreich. Die Böden waren zu mager, die Wiesen zu feucht, die unberechenbaren Einflüsse der Natur zu vielfältig. Verloren haben wir sie mit dem Hunger, der davor herrschte, an den Wohlstand von heute.

Vielfältig an Struktur ist die Landschaft heute nicht mehr. Stattdessen ist sie ausgeräumt und kahl, großflächig angelegt und landwirtschaftlich aufgewertet (melioriert), da entwässert, dort bewässert, bodenverbessert, gedüngt und planiert. Das hat den Erträgen und der optischen Qualität unserer täglichen Speisen zweifelsfrei gutgetan, wir essen täglich davon und wollen sie nicht missen. Doch sollten wir uns der Kosten dieses Konsums und des eigenen Wohlergehens bewusst sein: Für viele Arten, denen diese Landschaft einst als Lebensraum diente, ist sie heute lebensfeindlich. Eindimensional ist die Landwirtschaftszone damit geworden. Während die Landwirtschaft in ihrer traditionellen Form den Lebensraum für unzählige Arten geschaffen hat, hat sie in den letzten 70 Jahren weiträumig fast alle Funktionen außer der der Produktion verloren. Natürlich gibt es Strategien dagegen, natürlich gibt es viele Initiativen und alternative Konzepte, um diese Situation zu verbessern und die Produktion und den Naturreichtum (wieder) zu verknüpfen. Aber ihre Umsetzung ist nicht ein-

fach, denn im gegenwärtigen Landwirtschaftssystem ist jede Verbesserung für die Natur mit der Angst vor Ertragseinbußen und der Rückkehr zu den vergleichsweise unproduktiven Zeiten der traditionellen Landwirtschaft verbunden. Und während sich für manche Art die Situation durch teure Maßnahmen ein wenig entspannt, lesen sich die Roten Listen anders: Zu viele Arten haben in dieser Landschaft keinen Lebensraum mehr.

Gleichzeitig hat die Artenvielfalt in der Stadt stark zugenommen, sind neue Arten hinzugekommen, und alte Ackerbegleitkräuter haben neue Refugien im urbanen Umfeld gefunden. Heute sind die Städte in Bezug auf manche Artengruppen reicher und biodiverser als viele intensiv bewirtschaftete Landwirtschaftsgebiete. Auch weil hier ein anderer Nutzungsdruck herrscht, der weniger einer Artenvielfalt entgegensteht.

DIE NEUE, GLOBALISIERTE NATUR Durch Zufall bin ich auf das Buch »Wild Plants in the City« von 1975 gestoßen. Darin beschreibt die Autorin Nancy N. Page die für New York typischen Pflanzen in den urbanen Habitaten. Fast alle diese Arten kenne ich aus Zürich oder Basel, sie wachsen auch in München, Wien, Hamburg, San Francisco, Philadelphia und nicht wenige in Peking oder Kapstadt. Es hat sich eine globale Stadtnatur aus Arten gebildet, die schon im nächsten Stadtwald fehlen, aber fast jede Brache und Belagsritze der städtischen Kultur besiedeln.

Viele dieser New Yorker Stadtpflanzen stammen aus Europa, beispielsweise die Wegwarte (*Cichorium intybus*) oder die Wollkräuter (*Verbascum* spp.), und wurden in Nordamerika eingeführt. Umgekehrt sind manche Arten aus den nordamerikanischen Prärien, beispielsweise Astern (*Aster novi-belgii* u. a.), Goldruten (*Solidago* spp.) und Seidenpflanzen (*Asclepias syriaca*), heute auch bei uns verbreitet. Wiederum andere stammen aus Ostasien, und man findet sie heute sowohl in Nordamerika als auch in Mitteleuropa, wie etwa den Japanischen Staudenknöterich (*Reynoutria japonica*). Nur wenige der typischen Stadtpflanzen sind regionale Spezialitäten, die es nicht um die Welt geschafft haben. Dass viele dieser Arten ihre Reise um die Welt erst kürzlich angetreten haben, ist Abbild einer zunehmenden Globalisierung und Vereinheitlichung, die der Mensch derzeit in rasantem Tempo vorantreibt.

Zwischen 1775 und 1798 publizierte der Botaniker William Curtis sein Buch »Flora Londinensis« mit detaillierten Zeichnungen und Beschreibungen von über 400 Pflanzenarten, die in jener Zeit in und um die Weltstadt London wuchsen. Doch was damals die Flora einer Weltstadt war, ist heute die Flora der Dörfer und der ländlichen Gebiete. Natürlich kommen sie auch in den Städten vor. Allerdings sind wenige dieser Arten besonders trockenresistent und ans Stadtklima, ans Streusalz oder an befestigte Beläge angepasst. Und nur wenige sind um die Welt gereist. Curtis Werk zeigt eine Stadtflora vor der floristischen Globalisierung, mit Blick auf die traditionell ländlichen Habitate. Sinnbildlich steht für diese präurbane Flora auch das über 200 Jahre früher entstandene Bild von Albrecht Dürer »Das große Rasenstück«. Es zeigt nicht einfach eine Wiese, sondern die Pflanzen eines Wegrands: Knäuelgras, Breit-Wegerich, Schafgarbe, Gänseblümchen und Löwenzahn, also eine Artenkombination, in der der menschliche Einfluss spürbar ist. Der Breit-Wegerich liebt verdichtete Böden, die Schafgarbe wächst auch gerne am Wegrand. Die typischen Stadtpflanzen fehlen auf Dürers Gemälde noch. Viele Arten waren damals in den Städten noch nicht vertreten, allerdings entwickelte sich der Blick für diese auch erst über die Jahrhunderte.

Im 19. und 20. Jahrhundert erschienen erste Stadtfloren, und einzelne Botaniker in verschiedenen Städten begannen, sich der urbanen botanischen Raritäten anzunehmen.

Eine Wiege dieses neuen Blicks auf die Stadtfloren, war Berlin in den 1950er-Jahren. Die Schuttfelder, die der Zweite Weltkrieg hinterlassen hatte, wurden für Botaniker in der Nachkriegszeit zum faszinierenden Forschungsfeld. Denn hier wucherte schon nach wenigen Jahren ein neues Grün, das es vor dem Krieg so nicht gegeben hatte. Verwilderte Arten aus den Gärten, selten gewordene und auf dem Kontinent vorher komplett unbekannte Pflanzen wuchsen plötzlich in großer Zahl zwischen den Resten

HERKUNFT EINIGER STADT-PFLANZEN

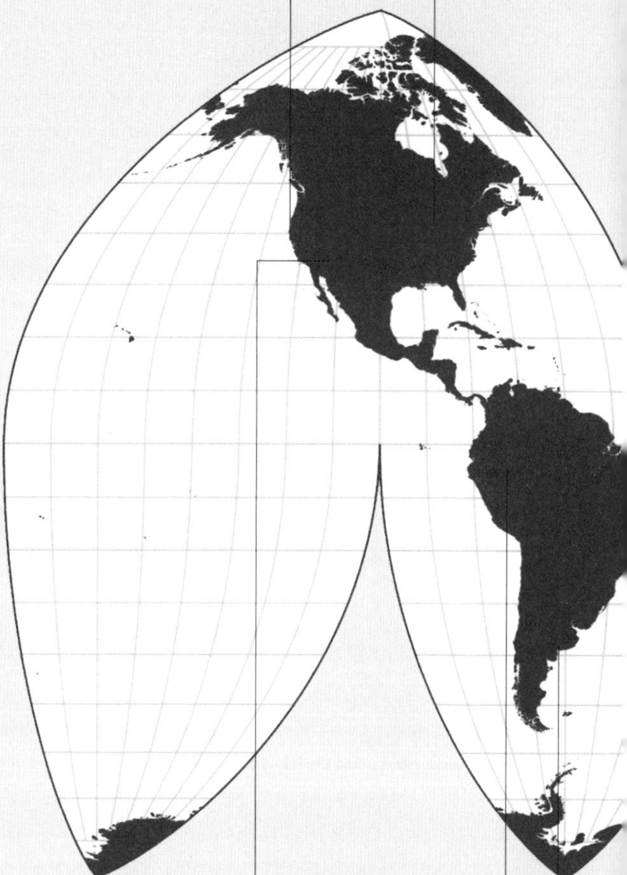

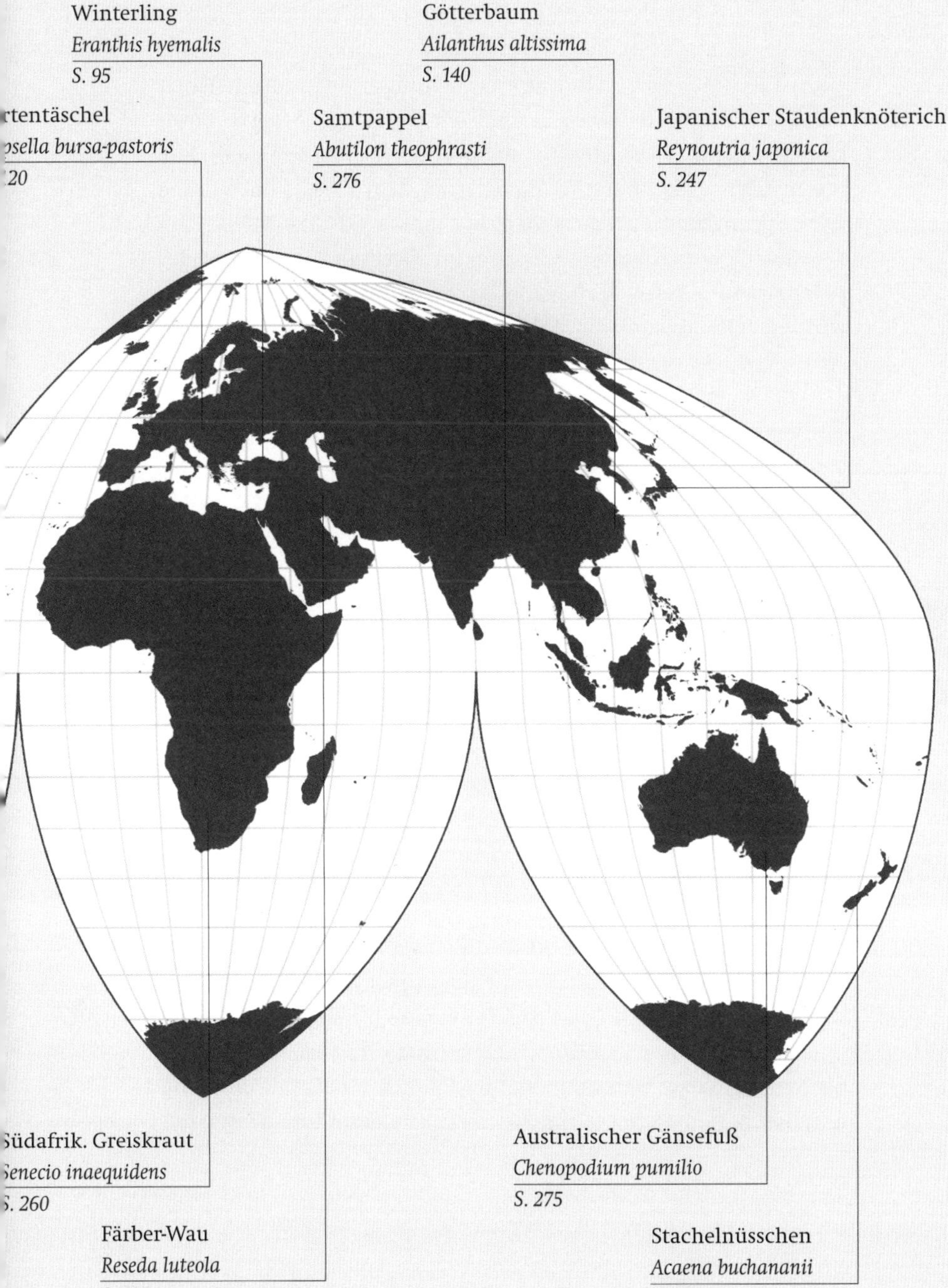

Winterling
Eranthis hyemalis
S. 95
Götterbaum
Ailanthus altissima
S. 140
rtentäschel
psella bursa-pastoris
20
Samtpappel
Abutilon theophrasti
S. 276
Japanischer Staudenknöterich
Reynoutria japonica
S. 247
üdafrik. Greiskraut
enecio inaequidens
. 260
Färber-Wau
Reseda luteola
S. 195
Australischer Gänsefuß
Chenopodium pumilio
S. 275
Stachelnüsschen
Acaena buchananii
S. 82

eingestürzter Gemäuer. Es war eine sich rasch verändernde Flora, die direkt die Globalisierung und den Umbruch in der Umwelt widerspiegelte. Diese faszinierenden, neuen Pflanzengesellschaften prägten viele deutsche Städte nach dem Krieg und wurden zum Sprungbrett für neue Arten, die sich auf brachliegenden Stadtböden besonders wohl fühlen. Im »Berliner Florenatlas« des Botanischen Vereins Berlin und in vielen publizierten Arbeiten wurden diese neuen Pflanzen, ihre Ausbreitung und mancherorts auch ihr Rückgang über die Jahrzehnte festgehalten.

In vielen Städten wurden in den späten Jahrzehnten des 20. Jahrhunderts und zu Beginn des 21. Jahrhunderts Stadtfloren veröffentlicht. Dazu zählen die »Flora der Stadt Zürich« von Elias Landolt, die »Flore de Lausanne et sa région« von Françoise Hoffer-Massard, Jacques Droz und weiteren Autoren oder »La Flore de la ville de Fribourg« von Christian Purro und Gregor Kozlowski. Die Stadt als Lebensraum für Pflanzen wurde an vielen Orten wahrgenommen und etwa in Rüdiger Wittigs »Siedlungsvegetation« charakterisiert.

Erstaunlich ist die Ähnlichkeit der vorgestellten Floren zu kürzlich erschienen Werken wie das des Autors Ton Denters »Stadsflora van de Lage Landen«, in dem er eine große Zahl bisher in der europäischen Flora unbekannter Arten in Städten der Niederlande vorstellt. In den Vereinigten Staaten von Amerika (USA) wurde das Buch »Wild Urban Plants of the Northeast« von Peter Del Tredici zum Standardwerk einer *flora of the future*, den Pflanzen der Zukunft. Es sind die Pflanzen der Zukunft, weil sie die Arten sind, die mit der vom Menschen gestalteten Welt am besten zurechtkommen – in den USA genauso wie in Europa und fast überall im gemäßigten Klima.

Damit wird die Stadtnatur, die es in dieser Form zuvor noch nie gegeben hat, immer mehr als Spiegel einer Landnutzung durch den Menschen wahrgenommen. Die Stadtflora entwickelt

»Das große Rasenstück« von Albrecht Dürer (1503) zeigt die typische Wegrandflora ländlicher Gebiete.

sich heute global und ist geprägt durch kosmopolitische Arten. Sie kennt Zusammenhänge, die über die Kontinente hinweg reichen: die Globalisierung und ein spezifisches Klima, das die gewieftesten Überlebenskünstler gefordert hat. Umgeben von Asphalt, im Streusalz, zertreten und überfahren, Umbruch und Verschmutzung ausgesetzt, kämpfen die Pflanzen in der Stadt um ihre Existenz und finden gerade dort eine Nische, in der sie leben können.

WELCHE NATUR IST SCHÜTZENSWERT? In vielen Publikationen zu Ökologie und Naturschutz in den Städten wird besonders auf Relikte einer vergangenen Natur- und Kulturlandschaft eingegangen. Thematisiert werden beispielsweise letzte Heiden in einem Stadtgebiet, der Stadtbach und der Stadtwald, oder die letzten fragmentierten Hochstamm-Obstbestände mit typischen, traditionellen Blumenwiesen.

Der Naturschutz legt in seiner traditionellen Form das Augenmerk stets auf die Relikte der vergangenen, selten gewordenen Landschaft, das heißt auf Natur- und Kulturrelikte, die seit Jahrtausenden durch eine charakteristische, schützenswerte Artenkombination gebildet werden. Der Schutz dieser Relikte ist keine einfache Aufgabe, weil diese Lebensräume (Biotope) zumeist an eine gleichbleibende bäuerliche Nutzung gebunden sind. Eine typische, traditionelle Blumenwiese, eine Talfettwiese (Fromentalwiese) etwa, bietet je nach Höhenlage und Exposition einer ganz charakteristischen Pflanzenkombination eine Heimat, die bestens auf den seit Langem ähnlichen Schnitttermin abgestimmt ist. Die Seltenheit der Arten und die Kombination der Pflanzen lässt sich naturschützerisch bewerten, die Wiese durch gezielten Unterhalt für lange Zeit erhalten. So können auch seltene Arten geschützt werden, wenn die Wiese genügend gut vernetzt ist.

Jeder Einfluss aus der modernen Welt wie Emissionen, neue, hier unerwünschte Arten, Nutzungsänderungen oder Nutzungsdruck kann fast nur mit dem Verlust dieser Naturwerte einhergehen. Diese Form des Naturschutzes hat viele Arten vor dem Aus bewahrt, lässt sich aber nicht eins zu eins auf die Städte übertragen.

Die Natur der bebauten Gegenden ist anders, veränderlicher, zufälliger, weil in Entwicklung begriffen und globaler. Gebildet wird sie durch Baugruben, Baumscheiben (unversiegelter Boden um den Wurzelansatz von Stadtbäumen), Pflasterfugen, verwilderte Beete, Pflänzchen in Kiesflächen und zwischen den Bahngleisen. Erst in neuester Zeit wird diese »Sekundärnatur« für sich betrachtet als naturschützerisch wertvoll wahrgenommen. Sie ist viel weniger an statische, schützenswerte Habitate gebunden.

Hier in der Stadt finden wir die seltenen Arten auf Baubrachen, kurz bevor sie überbaut werden, an Straßenrändern, die man nicht absperren kann, wenn plötzlich eine seltene Blume aus einer Asphaltfuge sprießt. Die Natur lebt mit der Nutzung, die Vielfalt entsteht und vergeht. Schutz im traditionellen Sinne kann sogar kontraproduktiv sein, da gerade diese Veränderlichkeit und die urbane Dynamik der Motor der Vielfalt ist. Ein Großteil der städtischen Artenvielfalt ist an diese kurzlebigen Lebensräume angepasst, die im Prozess der Stadtentwicklung immer wieder neu entstehen. Wo artenreiche Flächen verschwinden und der Nutzungsdruck oder das fehlende planerische Feingefühl für die Stadtnatur das Entstehen von neuen Habitaten verhindern, verschwinden aber auch hier die Naturwerte.

Auch der Wert der hier vorkommenden Arten wird oft anders beurteilt. Neben einigen Arten der Roten Liste der gefährdeten Arten, die im Naturschutz berücksichtigt werden, sowie einigen traditionellen pflanzensoziologischen Einheiten finden sich hier viele neue Pflanzenarten und Kombinationen – zugewanderte, eingeschleppte und solche, die hier eine Zuflucht gefunden und in der traditionellen Landschaft ihren Platz verloren haben. Weil der naturschützerische Wert einer Art aber noch regelmäßig auf ihre traditionellen Habitate beschränkt gesehen wird, wird der Straßenrandflora oft kein großer Wert beigemessen, obwohl viele Pflanzen der Weiden erst mit der Etablierung der Viehhaltung zu uns gekommen sind, die Ackerpflanzen mit der Ackerkultur und die Vegetation der Wegränder mit deren Begehung. Und so

Frühlings-Hungerblümchen (*Draba verna* agg.) in einer Belagsfuge.

Wiesen-Salbei (*Salvia pratensis*) wächst auch mal aus einer Asphaltritze.

ist die Stadtnatur mit der Stadt entstanden, ein Konglomerat an Nutzungen, Herkünften, häufigen Arten und Raritäten, zugänglich, aber auch vergänglich. Sie ist für jeden einsehbar, erreichbar, erlebbar. Es ist keine Natur, aus der man den Menschen und seine negativen Auswirkungen aussperren muss wie in manchem Naturschutzgebiet.

AKZEPTANZ DER SICH WANDELNDEN STADTNATUR Die Stadtnatur bildet vielerorts ein neues, zu besiedelndes Terrain, in dem die Natur lange ausgeschlossen war – gedanklich, aber auch physisch. Der Ordnungssinn hat eine Besiedlung mit Spontanflora lange Zeit nur dort zugelassen, wo die finanziellen Mittel fehlten, um sie zu entfernen.

Die Stadt wird niemals alle Habitate ersetzen können, die ihr gewichen sind – weder Streuobstwiesen, traditionelle Blumenwiesen oder die Flachmoore und Uferzonen vieler Gewässer, die heute im städtischen Raum befestigt sind. Selbst wenn alle Pflanzen einer Wiese auch Teil der Stadtflora sind, heißt das noch nicht, dass auch die Schwebfliegen, die Heuschrecken und die Zikaden dieser Wiese hier ein Habitat finden. Das althergebrachte Zusammenspiel der Arten werden die neuen Habitate nicht vollständig ersetzen können. Aber sie füllen auch Lücken, die von einem statischen, erhaltenden Naturschutz nicht gedeckt werden können.

Viele der ursprünglichen Arten könnten sich da und dort wieder ansiedeln, eine neue Natur bilden, zusammen mit jenen Arten, die neu hinzugekommen sind und teilweise viel besser mit der Stadt zurechtkommen. Schon heute ist die Artenvielfalt oft viel größer, als wir sie wahrnehmen. Nun liegt es an der Stadtbevölkerung und den für den städtischen Boden verantwortlichen Institutionen, ihren Wert zu erkennen, sie zu akzeptieren, zu respektieren und weiter zu fördern.

GUTE ARTEN, BÖSE ARTEN? Weil viele Pflanzenarten der Städte nicht zur ursprünglichen Vegetation des ländlichen und bewaldeten Mitteleuropas gehören, stellt sich nicht nur die Frage nach dem naturschützerischen Wert solcher neuen Ökosysteme, sondern auch nach dem der zugewanderten Arten. Längst polarisiert die Diskussion um zugewanderte, nicht einheimische Lebensformen (sogenannte Neobiota) den Naturschutz stark. Die unterschiedlichen Auffassungen zu Auswirkungen und Gründen der Ausbreitung neuer Arten bilden ein weites Spannungsfeld ab. Hier vermischen sich soziokulturelle und biologische Blickwinkel, die nicht selten zu gegensätzlichen Schlüssen kommen. Oft gehen die Emotionen hoch, und Lücken im Wissen um biologische Prozesse nähren Ängste um den Verlust der heimischen Vegetation an »böse« Invasoren. Daraus entstehende unsachliche, abwertende Äußerungen, und Ausrottungskampagnen werden wiederum von anderen als diskriminierende, hetzerische Politik verstanden.

Plötzlich stehen sich emotional aufgeladene, wertende Begriffe des Fremden und des Einheimischen gegenüber. Eine bei uns weit weniger verbreitete Gegenpartei idealisiert eine weltoffene, kosmopolitische, an den Menschen angepasste Flora. Damit mischen sich in die Diskussion um die biologische Invasion kulturelle Standpunkte, in denen sich unterschiedliche Naturkonzepte und Denkweisen kontrastieren. Es ist nicht einfach, ökologische und soziale Perspektiven auf neue Arten voneinander abzugrenzen. Wie sollen wir dieses Thema, das stets nach einer Werthaltung fragt, im sachlichen, wissenschaftlichen Diskurs behandeln? Oft werden nur Teilbereiche der komplexen biologischen Prozesse beleuchtet. Dabei behelfen sich viele damit, einen Schwerpunkt auf positive oder negative Aspekte der Entwicklung zu setzen und daraus ein ganzes Bild zu extrapolieren. Umso wichtiger ist es, hier die Lücken des Wissens zu erkennen und mit kritischem Blick auf beide Seiten zu interpretieren.

Es ist augenfällig, dass einige neue Pflanzenarten, die noch vor 70 Jahren selten oder nicht verbreitet waren, heute regional zu den besonders häufigen Arten zählen und damit mancher traditionellen Art den Rang abgelaufen haben. Wenn wir aber daraus schließen, diese floristische Veränderung wäre nur das Resultat eingeführter, extrem konkurrenzfähiger neuer Arten,

betrachten wir nur einen von vielen Aspekten. Neue Arten sind in vielen Bereichen auch das Resultat oder ein Symptom weit tiefer reichender, menschengemachter Veränderungen unserer Landschaft. Solche Standortfaktoren bestimmen mit, welche Art sich durchsetzt. Neu etablierte Arten (Neophyten) sind eine der sichtbarsten Veränderungen in der Landschaft, deren Ausbreitung sich einfach auf Karten abbilden lässt. Weil dem Menschen bei solchen Invasionen die Kontrolle zu entgleiten scheint, lösen sie mehr Ängste aus als andere Prozesse, die direkter durch den Menschen bedingt, aber weitgehend unsichtbar sind. Dazu zählt etwa die Überdüngung oder die Belastung der Böden mit chemischen Stoffen, die die Konkurrenzkraft mancher neuen Art maßgeblich beeinflusst. Auch rasche Nutzungsänderungen, insbesondere die Verbrachung größerer Flächen, sind oft Initialzündungen für pflanzliche Invasionen. Ein Beispiel unter vielen sind die Schuttflächen in vielen deutschen Städten nach dem Zweiten Weltkrieg. Hier nahm die Verbreitung zahlreicher neuer Pflanzen ihren Anfang, die heute in ganz Europa verbreitet sind.

Zielgerichtete Eingriffe zur Regulierung neuer Arten sind in Biotopen, etwa den durch Entwässerung und Überdüngung fragil gewordenen Flachmooren, heute ein wichtiges Mittel des Artenschutzes. Selten sind schützenswerte Pflanzen der Flachmoore aber nicht primär wegen der invasiven Goldruten (*Solidago* spp.) geworden, die man bekämpft, sondern wegen den radikalen Gewässerkorrekturen, den Meliorationen, der Entwässerung, der Überdüngung und der Umnutzung fast aller ehemaligen Flachmoore im Verlauf des letzten und vorletzten Jahrhunderts. 3300 Moore sind in der Schweiz allein im 19. Jahrhundert verschwunden. In den verbliebenen, oft weit voneinander entfernten Überresten können nun tatsächlich neue Arten das Zünglein an der Waage sein. Wo gefährdete Arten in Mitteleuropa durch eine Invasion bedroht sind, ist zumeist bereits vorher vieles schief

Stadtpflanzen: Typische Habitate im urbanen Raum.

gelaufen. Es ist daher stets sinnvoll, die Diskussion um neue Arten in eine landschaftsgeschichtliche Relation zu stellen.

Gerade im städtischen Kontext bietet die neue Pflanzenwelt auch viele positive Aspekte. Längst nicht jede neue Art ist »ökologisch wertlos«, auch wenn in einigen Publikationen nur negative Auswirkungen behandelt werden. Selbst die gefürchtete Riesen-Goldrute (*Solidago gigantea*), eine in weiten Teilen Europas als invasiv eingestuftes Asterngewächs, bietet gerade im Spätsommer, wenn in unserer Landschaft Nektar und Pollen fehlen, reichlich Nahrung für Fliegen, Käfer und Bienen. Natürlich bildet auch dieser positive Sichtwinkel nicht das ganze Bild dieser Pflanze ab, die vielerorts radikal bekämpft wird, weil sie dichte Bestände bilden kann. Ökologisch wäre es weit sinn- und wertvoller gewesen, wenn wir rechtzeitig daran gedacht hätten, die mageren Pfeifengraswiesen mit ihrer Vielfalt spätblühender Pflanzen zu schützen und als wertvolle Blühinseln und Lebensräume zu erhalten. Aber ganz ohne ökologischen Wert sind viele der blühfreudigen Exoten nicht. Wenn wir ihre Bestände tilgen, ohne einen sinnvollen Ersatz für die Bestäuber zu schaffen, verschärfen wir damit ein anderes Problem in der Landschaft.

Eingestreute Exoten sind in der städtischen Vielfalt viel weniger ein Problem als in den artenreichen Relikten der traditionellen Landschaft. Denn viel häufiger als natürliche Lebensräume mit gefährdeten und geschützten Pflanzen besiedeln Neophyten neue oder stark durch den Menschen veränderte Habitate, in denen heimische Arten oft weniger optimale Lebensräume finden. Wie sollte die einheimische Vegetation, die definitionsgemäß aus Arten gebildet wird, die vor 1492 hier wuchsen, auch an Lebensbedingungen einer heutigen Metropole angepasst sein?

Urbane Habitate: links (v. o. n. u.): Wiesenufer in Basel, Kasernenareal in Zürich, Sicheldolde (*Falcaria vulgaris*) und Schwarznessel (*Ballota nigra*) mitten in Prag, Belagsfugen in Freiburg i. Üe.; rechts (v. o. n. u.): Brache in München, Kleines Flohkraut (*Pulicaria vulgaris*) in Dresden, Kapernbüsche in Florenz, Baumscheiben in Zürich.

Die Verbreitung einer Art um 1492 ist dem derzeitigen wissenschaftlichen Konsens zufolge jenes Jahr, das unterscheidet, ob sie in einem geografischen Raum als einheimisch gilt oder als Neophyt eingestuft wird. In diesem Jahr hat Kolumbus Amerika entdeckt. Das Jahr fällt in eine Zeit, in welcher der interkontinentale Handel und damit der Anteil transportierter Arten stark angestiegen sind. Natürlich sind auch schon vorher viele Pflanzen nach Mitteleuropa gekommen, da fast alle heute einheimischen Arten seit der letzten Vergletscherung einwandern mussten. Darum wird das Datum, insbesondere bezüglich einer Einteilung als auf- oder abwertend behandelte Gruppen von Organismen, auch immer wieder hinterfragt.

Und wenn in den letzten 70 Jahren besonders viele neue Arten hinzugekommen sind, so müssen wir uns auch vor Augen rufen, wie Mitteleuropa vor dem Zweiten Weltkrieg ausgesehen hat: Die Landschaft wurde im Grunde weitestgehend ausgetauscht. Wie grundlegend haben wir Menschen damit die Ökosysteme umgekrempelt! Viele der neuen Arten können als Reaktion auf den Einfluss des Menschen auf die Welt gelesen werden und sind nicht die eigentliche Ursache des Problems. Neben den gerne erwähnten Gründen für die Konkurrenzkraft von Neophyten, etwa dem Fehlen von Fressfeinden oder Pathogenen am neuen Standort, liegen die Vorteile neuer Arten auch in der heutigen Nutzung und Veränderung der Landschaft: Überdüngung, Industrialisierung der Landwirtschaft, Gifteinsatz, Habitatzerstörung durch Zersiedelung, Gewässerkorrekturen und Entwässerungen, Globalisierung und Klimaerwärmung. Wir leben in einer Landschaft, in der völlig neue Kräfteverhältnisse herrschen.

Zürich zur Gletscherzeit: Stich aus »Urwelt der Schweiz« von Oswald Heer (1883). Seit dem Würm-Glazial mussten in den letzten 12 000 Jahren fast alle Arten zuwandern, die wir als einheimisch kennen.

Vermutlich ist es einfacher, einen größeren Teil der Probleme für die globale ökologische Krise des Anthropozän in der Existenz von einwandernden Organismen zu sehen als in den komplexen, von Art zu Art verschiedenen Gründen ihrer Etablierung. Einfacher ist es, dem Neuen, Unbekannten, Fremden, Unkontrollierbaren einen weit größeren Stellenwert zu geben, als es verdient. Die Natur hat in allen Phasen der menschlichen Entwicklung für Ängste gesorgt und tut dies noch heute, und zwar immer dann, wenn wir sie nicht in jedem Detail zähmen und berechenbar machen können.

Die mitteleuropäische Landschaft ist dabei noch vergleichsweise resistent gegenüber der Veränderung der Habitate durch den Menschen, von dem sie schon fast seit den Eiszeiten in zunehmendem Ausmaß geprägt wird. Menschliche Einflüsse haben wegbegleitend auch jene Natur begünstigt, die wir heute als heimisch betrachten. Das ist eine grundlegend andere Situation als in neu kolonisierten Weltgegenden, in denen sich der Einfluss des modernen Menschen nicht über 10 000 Jahre etabliert hat, sondern rasend schnell auf fragile Inselökosysteme getroffen ist. Bei uns sind durch die Zuwanderung viele Arten hinzugekommen.

In Roten Listen der gefährdeten Arten wird das überwiegend nicht abgebildet, weil nur die einheimischen, alteingesessenen und rückläufigen Arten beurteilt werden. Hintergrund mag die Befürchtung sein, dass man ab der regionalen Zunahme der Arten vermuten könnte, es ginge der Natur gut. Missachtet wird dabei allerdings die Tatsache, dass global der Trend in eine andere Richtung zeigt. Tatsächlich können die neuen Arten die verschwindenden oft nicht adäquat ersetzen, denn es kommen weltweit ähnliche Arten hinzu, während vor allem regionale Spezialitäten verschwinden. Die reine Zunahme der Artenzahl an einem Ort kann, während global einzigartige Organismen aussterben, kein Ersatz für zerstörte Ökosysteme sein.

Letztlich spitzt sich die Frage um die Neophyten an einem wesentlichen Punkt zu: Problematisch ist der großflächige und vielschichtige Eingriff des Menschen in seine Umwelt. Wenn zu

Überdüngung, Klimaveränderung und Vergiftung durch allerlei chemische Substanzen auch noch dadurch begünstigte neue Arten hinzukommen, verlieren wir einen Teil unseres traditionellen Landschaftsbilds und des gewohnten Artenspektrums. Übersehen wir allerdings die Dynamik und die Anpassung, also die Antriebskraft dessen, was wir evolutive Entwicklung nennen, verkommt die Natur zum statischen Bild. Eine statische Natur ist zwar berechenbar, beschützbar und beherrschbar, sie verliert aber im Gegenzug die Fähigkeit, sich an die Umstände anzupassen, mit denen sie heute zurechtkommen muss.

Mein Appell lautet daher: Freuen wir uns doch auch an den positiven Entwicklungen dieses Umbruchs, an den unendlichen botanischen Überraschungen! Musste man früher noch nach Ostasien, Kapstadt, in die fernen Anden und in die nordamerikanischen Prärien reisen, um die Vielfalt der Pflanzen zu erkunden, so genügt heutzutage ein genauer Blick in Straßengräben, auf Baumscheiben, Brachen und Wiesen hier bei uns vor der Haustür. Dabei sollten wir trotzdem kritisch bleiben, denn dieser Prozess ist Teil eines größeren, eines menschengemachten Wandels, der tatsächlich die Basis vieler Ökosysteme bedroht. Verwechseln wir nicht die Ursachen und ihre Symptome und lassen wir uns darauf ein, diese floristischen Veränderungen möglichst umfassend zu beobachten. Und sollten wir sie bewerten müssen: Unsachliche Schriften mit extremen Haltungen helfen wenig. Gefragt sind detaillierte Auseinandersetzungen unter Beachtung möglichst vieler Aspekte, individuell von Fall zu Fall.

DIE ZUKUNFT LIEGT IN DER STADT Die Besiedlung der Städte durch Wildtiere und -pflanzen ist ein Trend, der immer wichtiger wird. Denn die Stadtentwicklung wird voraussichtlich in diesem Jahrhundert neue Extreme erreichen: Während 1950 nur 29 Pro-

Herbarbeleg der sich im urbanen Raum ausbreitenden Steinbrech-Felsennelke (*Petrorhagia saxifraga*).

zent der Weltbevölkerung in Städten lebte, sind es derzeit etwa 50 Prozent. Bis 2050 werden knapp 70 Prozent der dann geschätzt etwa 9,7 Milliarden Menschen in Städten leben. Dies könnte einen enormen Druck auf die städtischen Ökosysteme nach sich ziehen, wenn Restflächen durch weitere Bebauung verschwinden und keine neuen entstehen. Gleichzeitig wird es auch einfacher, eine gemeinsame, biodiverse Zukunft zu planen, wenn die Städte zunehmend als wertvolle Habitate für Tiere und Pflanzen erkannt werden. Vielleicht ist diese Planung weniger emotional aufgeladen als die schwer zu lösenden Zielkonflikte der Landwirtschaftszone, die sich zwischen wirtschaftlichem Druck auf den Ertrag und dem Verlust ökologischer Qualität abspielen.

Gleichzeitig bietet eine vielartige Stadt ein Naturerlebnis. Wenn 6,8 Milliarden Menschen in Städten 2050 in ihrer Umgebung nur noch Haustiere und Zimmerpflanzen kennen oder bis dahin in einer digital verschmolzenen Welt dem natürlich Lebendigen überwiegend entsagt haben: Wer wird sich dann für den Schutz, den Erhalt, die Würde von Wildpflanzen und -tieren einsetzen? Nur wer die Natur unmittelbar erfährt, kennt und mit ihr vertraut ist, wird sich dazu aufgefordert fühlen. Und wenn der Mensch nicht mehr in die Natur geht, muss die Natur eben wieder zum Menschen kommen.

VERSTÄDTERUNG ALS CHANCE Während die zunehmende Bebauung für das Landschaftsbild und die traditionellen Habitate eine akute Gefahr darstellt, könnte für viele Pflanzenarten gerade in der Stadt ein neues Refugium entstehen, frei von Pestiziden, eingebunden in Parkanlagen, Restflächen, Gärten und Balkone, geachtet und respektiert von der Bevölkerung.

Während in den Landwirtschaftszonen händeringend Lösungen für eine Abkehr aus der Monofunktionalität von Wiesen und Feldern gesucht werden, haben sich immer mehr Arten in den Städten eingefunden. Die Stadt hat Strukturreichtum zu bieten. Insektizide und Herbizide werden hier zumeist weniger eingesetzt, manche sind im urbanen Raum bereits verboten. Zudem ist die Stadt in ständigem Wandel, es entstehen Brachen, offene Flächen, begrünte Dächer und Schotterfelder der Eisenbahnanlagen. Und sie verschwinden wieder.

Es mag auf den ersten Blick absurd klingen: Gerade diese Dynamik, das Entstehen und das Vergehen, stellt für viele städtische Arten die Basis des Überlebens dar. Denn über längere Zeit ist Veränderung die treibende Kraft der Natur. Die Natur ist kein statisches Gefüge. Kein stabiles »Ökosystem« besteht für immer. Darum sind Kiesgruben und Baubrachen zu ökologisch hochwertigen Biotopen geworden. Unserer Landschaft hingegen ist diese Dynamik vielerorts abhandengekommen: Was früher die zerstörende Gewalt eines Hochwassers war, was der altersbedingte Zusammenbruch eines Waldes und der Pflug auf dem traditionellen Acker bewirkt haben, war immer auch der Beginn neuen Lebens.

BEWEGUNG AUS DER BEVÖLKERUNG Die ausgeräumte Stadt, in der jede Ritze mit Vegetation ausgebrannt oder durch Totalherbizide bereinigt, jede Fuge versiegelt und jede Grünfläche im Millimeterschnitt gemäht werden muss, scheint vielerorts vorüber. Eine neue Ordnung und Freude an den Blumen machen sich breit. Die Natur wird auch im Siedlungsraum gefördert, gezielt mit der Anlage von Flächen, mit der Aussaat von Pflanzen, der Aneignung von Land durch »Guerilla Gardening« und – nun in der Mitte der Gesellschaft angekommen – »Urban Gardening«. Die Versiegelung ist für das Regenwassermanagement und das Stadtklima als Problem erkannt, mehr Bäume sollen die Straßen säumen. Baumscheiben mit üppigem Grün bieten Wildpflanzen Lebensraum, und viele private Grundbesitzerinnen sehen in der Förderung der Natur im eigenen Garten nicht mehr eine unerwünschte Verwilderung, sondern eine Möglichkeit, vielen Arten eine Heimat zu bieten.

Diesen in der Gesellschaft gestarteten Prozess haben Stadtgrünämter vielerorts erkannt; für Park- und Straßenraumgestaltungen und größere Bauprojekte werden ökologische Standards gesetzt. Gift zur Bekämpfung der Pflanzen an Wegrändern wird seltener

eingesetzt und ist vielerorts ganz verboten worden. Wildpflanzen werden gezielt gefördert, wo es möglich ist. Lassen wir den Pflanzen den Raum, werden sie auch kommen.

URBAN GARDENING UND MORE THAN WEEDS Strömungen in der Kulturszene vieler Städte haben den Blick auf die Entwicklung und die Wahrnehmung des Grüns geprägt. Geboren aus dem Wunsch nach Verbindung zur Natur und dem Bedauern über das Verschwinden von Gartenarealen in den Innenstädten hat eine Urban-Gardening- und Farming-Bewegung vielerorts transformatorisch gewirkt, im privaten sowie im öffentlichen Raum. Soziale regionale Projekte, zur Selbstversorgung oder durch Permakulturideale geprägt, sowie städtische Gartenprojekte bringen das Grün in vielen Städten auf Brachflächen, in Straßen und in Gassen. Manche dieser Projekte schaffen auch Zusammenhalt in sozial benachteiligten Wohngebieten und haben in vielen Städten großartige Wirkung erzielt.

Auch die Bewegung »Guerilla Gardening«, die das Ziel der gärtnerischen Aneignung nicht genutzter Restflächen in den Städten verfolgt, trug zum Umdenken bei. Aus diesem Aufruf zum »gärtnerischen Ungehorsam« sind etwa die »Seedbombs« hervorgegangen, mit denen jeder zur Begrünung von Restflächen beitragen kann.

Einem ähnlichen Konzept folgt Maurice Maggi mit seinen »Pflanzengraffitis«, die er schon seit einigen Jahrzehnten in den Straßen von Zürich auslegt. Mit Saatgut bestimmter Pflanzenarten, etwa den Stockrosen (*Alcea rosea*), hat er ein unverwechselbares Symbol geschaffen – ein Symbol für eine von der Bevölkerung geachtete Natur, aber auch für den floralen Widerstand gegenüber dem übermäßigen Ordnungssinn, der für viele Arten keinen Raum lässt.

Feuchte Baubrache in Zürich mit dem exotischen Frischgrünen Zypergras (*Cyperus eragrostis*) und Blutweiderich (*Lythrum salicaria*).

Herbarbeleg: Häufiger Kosmopolit ist die Virginische Kresse (*Lepidium virginicum*), eine fast weltweit in Städten verbreitete Art.

Auch in der Kunstszene ist das Thema präsent; die sich verändernde Natur des Anthropozän und der Einfluss der Menschen auf das Natürliche sind schwer erschöpfbare Themen. Lois Weinbergers »Cut« von 1999, in dem er die Fugenflora in einem 100 Meter langen Schnitt durch die Beläge vor der Universität Innsbruck inszeniert hat, war eines der maßgebenden Werke, die die spontane Flora in den Fokus rückte. Auch in anderen Installationen setzt er sich mit der neuen urbanen Pflanzenwelt auseinander.

Andere Künstler interpretierten die sozialen Hintergründe der floristischen Veränderung. Ingo Vetter hat einen Götterbaum aus Detroit als »Ghetto Palm« 2004 in Berlin ausgestellt. Der Götterbaum ist weltweit zum Symbol für vernachlässigte urbane Gebiete geworden, nachdem Betty Smith in ihrem Buch »A Tree Grows in Brooklyn« (1943) die Zusammenhänge zwischen dem Götterbaum und armen Stadtvierteln hergestellt hatte.

Intensiv mit der Flora der Stadt New York und der weltweiten Herkünfte dieser Pflanzen setzte sich Maria Thereza Alves in ihrer Ausstellung »Seeds of Change: New York – A Botany of Colonization« 2017 auseinander. Solche Kunstaktionen, von denen hier nur eine kleine Auswahl erwähnt ist, hatten und haben einen fortwährenden Einfluss auf den gesellschaftlichen Umgang mit der Spontanflora, den sozialen Gründen für das Auftreten der Arten und den Blick, mit dem die Menschen den Pflanzen begegnen.

Ein weiterer, neuer Ort des Austauschs und der Faszination über neue Arten stellen die sozialen Medien dar. In fast allen größeren Städten gibt es Einzelpersonen, die die Flora am Straßenrand, die botanische Resilienz der Pflanzenarten fotografisch oder mit anderen Medien festhalten. In einer die Natur gezielt unterdrückenden Umgebung fasziniert diese Lebenskraft. Und so finden wir auf diesem Weg auch allgemein zugänglich Bilder zu den Pflanzenarten aus italienischen, spanischen, brasilianischen, US-amerikanischen, australischen, türkischen, japanischen und mexikanischen Stadthabitaten, oft fein säuberlich kuratiert und mit Artnamen versehen. Dieses Archiv an Bildern ist dabei nicht nur Zeugnis eines globalen Interesses und einer Bewunderung für

die enorme Resilienz der Pflanzen, sondern auch eine Quelle, ein Zeugnis der botanischen Globalisierung sowie der Besonderheiten der Pflanzenarten der Städte auf der ganzen Welt.

Angetrieben wurde das Phänomen durch Aktionen von Botanikerinnen und Botanikern in verschiedenen Städten, von denen das Beschriften von Pflanzenarten am Straßenrand mit Kreide besonders bekannt wurde. Zu finden sind diese unter verschiedenen Hashtags wie etwa #morethanweeds aus einem Projekt der französischen Botanikerin Sophie Leguil oder #spontaneousurbanplants von David Seiter in New York. Im deutschsprachigen Raum wurden die Bilder zum Beispiel mit #krautschau und im Rahmen dieses Projekts mit #stadtwildpflanzen versehen.

Einstige Weide- und Saumarten, unter anderem Wirbeldost (*Clinopodium vulgare*), auf einem mit Rasengittersteinen befestigten Parkplatz in Zürich.

GRÜNDE FÜR DIE PFLANZENVIELFALT

Einerseits ist also die Stadtflora artenreicher als jene des intensiv durch die Landwirtschaft genutzten Umlands, auch wenn sie im klassischen Naturschutz oft nicht dieselbe Beachtung wie traditionelle Habitate findet. Andererseits führen bestimmte Faktoren zu einer ähnlichen Vegetation mit ähnlichen und gleichen Pflanzenarten in den meisten Städten des gemäßigten Klimas. Damit haben bestimmte Pflanzen einfach die besten Karten beim Überlebenskampf in der Stadtnatur, die global im gemäßigten Klima ähnliche Anforderungen an ihre pflanzlichen (und tierischen) Bewohner stellt. Um die Stadtnatur zu fördern und sicherzustellen, dass sich artenreiche Ökosysteme in der Stadt bilden können, braucht es erstens ein Verständnis für das Zustandekommen der Vielfalt und zweitens dafür, was der beste Umgang mit der Stadtnatur ist.

KLIMATISCHE BEDINGUNGEN Das Stadtklima ist wärmer als jenes des Umlands, was viele Studien und Messungen bestätigt haben. Die versiegelten Flächen wirken wie Felsen in einer grünen Landschaft; sie wärmen sich stärker auf und speichern die Hitze gerade im Sommer lange. Es entsteht ein »kontinentales« Klima, das die Wärmespitzen im Sommer verstärkt. Wo die Vegetation fehlt, trocknet der Boden schneller aus. Durch die Transpiration kühlen Pflanzen die Umgebung und geben Feuchtigkeit ab. Der Schatten eines Baums wirkt deshalb auf der Haut merklich kühler als der Schatten eines Gebäudes. Dies gibt einerseits Anregung für eine zukünftig grüne(re) Gestaltung der urbanen Räume von Städten, andererseits eine Erklärung für das Vorkommen vieler wärmeliebender Arten in städtischen Habitaten.

Herbarbelege: Das Einjährige Silberblatt (*Lunaria annua*), die mediterrane Art, sät sich gerne selbst aus und gedeiht auf Brachen und an Wegrändern.

Die heimische Färberkamille (*Anthemis tinctoria*) kommt im urbanen Raum meist verwildert oder angesät vor.

Das seltene Kleine Tausendgüldenkraut (*Centaurium pulchellum*), ein Enziangewächs, bildet Massenbestände auf einer feuchten Baubrache in Zürich.

Im Winter sind windgeschützte, gebäudenahe Standorte sowie die Abwärme von Heizungen für das Überleben manch eines Pflänzchens aus dem Süden wesentlich. Die Artenvielfalt der Pflanzen ist in wärmeren Regionen, etwa im Mittelmeergebiet, um einiges höher als im Klima nördlich der Alpen, deshalb bietet diese klimatische Annäherung Spielraum für die Ausbreitung wärmebedürftiger, neuer Arten. Dieser Faktor ist auch insofern interessant, als viele seltene Pflanzenarten auf den Roten Listen Mitteleuropas gerade aus der Gruppe wärmeliebender Arten stammen, die sich heute nicht mehr außerhalb der Städte halten können. Der Grund für deren Gefährdung in den Landwirtschaftszonen liegt vielerorts an der Überdüngung: Durch das stärkere und dichtere Pflanzenwachstum auf Feldern und Wiesen erwärmen sich die Zwischenräume dort weniger, und wärmeliebende Pflanzen stehen stärker in Konkurrenz um diese Standorte.

HERKUNFT UND VERBREITUNG In die Städte führen viele Wege, und entlang dieser wandern auch die Pflanzen ein. Im Fahrtwind der Autos und Züge verbreiten sich Pflanzen schnell an linearen Achsen. Gerade an ruderalen Straßenrändern entstehen dabei dynamische Biotope, die für Pflanzenarten mit entsprechendem Charakter einen optimalen Lebensraum darstellen können.

Das Gleisfeld eines Hauptbahnhofs im Stadtinnern oder die Hafenanlagen sind oft äußerst artenreiche Pflanzenhabitate, die mit Ruderalfluren und Kiesflächen ein großartiges Mosaik aus jungen und älteren Biotopen bilden. Manche gefährdete Art findet hier ihren letzten Lebensraum. Daneben fungieren solche unbebauten Ruderalzonen als Windachsen, die ebenfalls – neben den Fahrtwinden – der Windverbreitung dienlich sind. Auch die grünen Borde von Straßen und Gewässern sind entsprechend wichtige Biotope und Verbreitungskorridore.

Herbarbeleg: Der Schmalblättrige Hohlzahn (*Galeopsis angustifolia*) ist auf kalkhaltigem Gleisschotter in Ausbreitung begriffen.

Daneben sind die Städte mit ihren interkontinentalen Verbindungen über den Luft- und den Schiffsverkehr auch Ankunftsort für neue, gezielt eingeführte oder mitgeschleppte Arten. Hier, im Zentrum des menschlichen Tuns, sind auch die Auswirkungen der Globalisierung als Erstes ablesbar.

EINSAATEN UND SAATMISCHUNGEN Grüne Flachdächer, begrünte Straßenbahntrassen, angesäte Magerwiesen und Guerilla-Gärtner bringen seit vielen Jahren eine große Pflanzendiversität in die Stadt. Pflanzen, die nicht von selbst ihren Weg in die Stadt gefunden haben oder den raschen Veränderungen ihres Umfelds trotzen können, sind oft angesiedelt worden. So finden wir in angesäten Blumenwiesen Flockenblumenarten oder Wiesenknöpfe aus den Südalpen. Die Schwärzliche Flockenblume (*Centaurea nigrescens*) kommt in der Schweiz fast nur im Tessin und in Zürich vor. Von extensiven Flachdächern wird der gefährdete Trauben-Gamander (*Teucrium botrys*) in die Straßenschluchten verwindet, wo er oft längerfristig überleben kann, wenn er nicht weggepflegt wird. Doch auch durch gezielte Ansaat exotischer Arten finden sich große Stockrosenbestände, Kalifornischer Goldmohn (*Eschscholzia californica*) oder Prunkwinden (*Ipomoea* spp.) auf den Freiflächen der Stadt. So bildet eine Vielfalt an Exoten sowie heimischen, einst ausgerotteten und wieder angesäten Arten eine hohe Dichte an Raritäten.

GARTENPFLANZEN Nicht selten finden wir in Städten auch Gartenpflanzen, die verwildert außerhalb ihrer ursprünglichen Pflanzflächen vorkommen. Viele dieser Arten breiten sich durch Samen oder unterirdische Wurzeln aus. In der Stadt haben neben Exoten auch viele heimische Pflanzen aus den Gärten auf diesem Weg wieder eine Verbreitung gefunden. Oft können wir den Ursprung einer ungewöhnlichen Art in einer Straßenschlucht auch auf einem Balkon ein paar Stockwerke höher ausmachen.

Gewisse exotische Arten können sich im einzigartigen klimatischen Umfeld der Stadt von selbst halten, während sie außerhalb des besiedelten Gebiets im Konkurrenzkampf mit anderen Arten unterlegen wären. An manchen Orten lässt sich auch anhand der Pflanzen auf längst vergangene Kulturen schließen, etwa auf aufgegebene Gärten. Typische Vertreter dieser alten Gartenpflanzen sind die Osterluzei (*Aristolochia clematitis*), eine alte Heilpflanze, oder Zwiebelpflanzen wie Tulpen-, Krokus- oder Narzissenarten.

Das Fehlen manch einer heimischen Art und das Vorkommen von vielen Exoten in Städten ist auch ein Spiegel der in den Gärten und auf Balkonen verwendeten Zierpflanzen. Würden in Gärten mehr heimische Wildpflanzen ausgesät, würden sich auch diese verbreiten; diese Durchmischung täte der Funktion der städtischen Ökosysteme sicherlich gut.

VIELFALT DER BIOTOPE Eine hohe Artenvielfalt findet man in natürlichen Landschaften überwiegend dort, wo viele unterschiedliche Biotope aufeinandertreffen. Stoßen an einem Waldrand die Pflanzenarten des Waldes auf die Pflanzen einer Wiese, finden wir in diesem Übergangsbereich eine besonders große Vielfalt. In der Stadt liegen Mauerhabitate, Rasen, Wiesen, Pflasterfugen, alte Parkanlagen, ruderale Brachen, schattige, sonnenexponierte, humusreiche, magere und überdüngte Standorte nah beisammen. Das ist eine gute Basis für eine große Biodiversität. Diese Arten stammen unter anderem aus den unterschiedlichsten Habitaten ländlich geprägter Räume. Es kommen in Städten darum auch viele Spezialisten vor, beispielsweise Pflanzen der Felsen und Mauern, der Kiesflächen oder mit großer Salz-

Herbarbeleg: Der seltene Trauben-Gamander (*Teucrium botrys*) verbreitet sich in Zürich von extensiv begrünten Flachdächern zurück in die Stadt.

toleranz, denen in einer mitteleuropäischen Landschaft ohne Menschen nur sehr zerstreute Habitate zur Verfügung stünden.

WANDEL UND UMBRUCH Ein erstaunlich großer Teil der gefährdeten Arten Mitteleuropas ist auf sich verändernde Habitate angewiesen. Dies gilt umso mehr, weil die Dynamik in unserer Landschaft auch immer mit Gefahr verbunden ist und sie der Mensch darum, wo möglich, unterbunden hat. Überschwemmungen, Murgänge, Waldbrände oder das Zusammenbrechen eines überalternden Waldes bergen immer das Potenzial für eine neue Besiedlung mit kurzlebigen Arten. In der Stadt finden wir kurzlebige Habitate und Sukzession (Besiedlungsabfolge) oft nur auf kleinsten Flächen, manchmal aber auch auf großen Baubrachen. Es sind oft diese Standorte, auf denen sich seltene Arten ansiedeln. Wir finden sie überall: an Weg- und Straßenrändern, auf Gleisfeldern, in Spalten des Belags oder auf Kiesflächen.

MAGER UND PESTIZIDARM Die Überdüngung gilt in Europa als einer der wichtigsten Gründe für den Rückgang der Arten, selbst in geschützten Biotopen. Während die Düngung im landwirtschaftlich genutzten Gebiet fast jede Fläche betrifft, sind in der Stadt viele magere Restflächen übrig, so etwa am Rand von Kiesflächen, auf Baustellen, in Pflasterfugen oder zwischen Bahngleisen. Diese Standorte bieten Platz für Magerwiesenpflanzen, die außerhalb der Städte oft im Rückgang begriffen sind.

Der Gebrauch von Umweltgiften ist in den Städten meist weniger ein Problem für Wildpflanzen, da besonders Totalherbizide heute zunehmend in Wohnzonen verboten sind. Diese Mittel zum Entfernen von Unkraut wurden entwickelt, um die Spontanflora zu bekämpfen. Es liegt an den Stadtgrünämtern und dem politischen Willen, ob diese Mittel in Zukunft in den Städten ange-

Herbarbeleg: Im urbanen Raum sind Sumpfkressen (*Rorippa* spp.) weit verbreitet. Sie kommen mit Staunässe und gelegentlicher Trockenheit bestens zurecht.

wendet werden dürfen und sollen. In Gärten wiederum, in denen es punktuell zum hohen und wenig kontrollierten Einsatz verschiedener Gifte kommt, ist die Anwendung in der Regel wenigstens weniger flächig als im Landwirtschaftsgebiet. Das macht das Überleben gewisser Arten in Randpopulationen wahrscheinlicher.

ORDNUNG UND AKZEPTANZ Der Einsatz von Herbiziden in der Stadt hat letztlich auch mit dem vorherrschenden Ordnungssinn und der Akzeptanz der Flora zu tun. Ob Pflanzen in einer Stadt wild wachsen können, ist ein Spiegel des Willens der Bevölkerung und der zuständigen Ämter. Die Akzeptanz von Grünflächen, die nicht zum sterilen, blumenlosen Rasen gepflegt werden, nimmt derzeit vielerorts zu. Heute wird die spontane Natur der Stadt bereits mancherorts mit Freude akzeptiert, während sie andernorts noch aufwendig entfernt wird, wo man ihr gut auch Raum lassen könnte.

GEPLANTE VIELFALT Die Artenvielfalt in den Städten ist aber nicht nur das zufällige Zusammenkommen geeigneter Habitate, verwehter Samen und spontaner Nutzungen. Artenreiche Flächen und Platz für die Natur lassen sich auch planen. Biodiversität lässt sich fördern. Und dieser Prozess ist in vollem Gange; das ökologische Potenzial in neuen Parkanlagen, aber auch in Restflächen und selbst auf Baumscheiben wird erkannt. Grüne, vielfältige städtische Räume mit zwitschernden Vögeln, summenden Bienen und flatternden Schmetterlingen fördern die Naturverbundenheit der Gesellschaft. Solche Habitate können mit ökologisch wertvollen Pflanzen bepflanzt oder besät werden.

Dieses Buch behandelt allerdings primär die spontane Flora, jene Arten also, deren Auftreten nicht geplant ist. Ihnen wohnt der Reiz des Zufälligen inne. Diese Spontanflora können wir durch für sie geeignete Substrate und vor allem durch etwas Platz und Akzeptanz für verwilderte Flächen fördern.

PFLANZENVIELFALT IM ÖKOSYSTEM STADT Eine große Zahl verschiedener Habitate und Pflanzenarten sind die Basis für das Vorkommen vieler verschiedener anderer Artengruppen. Da Pflanzen die Energie für den Stoffkreislauf durch Fotosynthese aufbauen, stellen sie die Basis der Ökosysteme dar. Städtische Habitate können zwar wie erwähnt nicht für alle Arten der traditionellen, bäuerlichen Landschaft einen Ersatz bieten. Aber für einige Artengruppen, die direkt auf Pflanzen angewiesen sind, ist schon auf kleinen Flächen eine beeindruckende Förderung möglich.

So gesehen hat die Vegetation neben dem Wert ihrer eigenen Existenz ökologisch besonders zwei wichtige Aufgaben: zum einen die direkte oder indirekte Ernährung der Tierarten, zum anderen eine Habitatfunktion. Die erste Funktion ist dabei mehr oder weniger spezifisch, weil viele Insektenarten an bestimmte Pflanzenarten gebunden sind. Bei der zweiten, relativ unspezifischen Funktion sind vor allem die Struktur und die Abbauprodukte der Vegetation ausschlaggebend.

Ein funktionierendes Ökosystem muss in Bezug auf diese Funktionen gute Bedingungen für möglichst viele Gruppen von Organismen bieten. Diese Funktionen sind im neuen, urbanen Raum weniger stark an das Vorkommen ganz bestimmter Artenkombinationen gebunden, als wir das von traditionellen Biotopen kennen. Natürlich sind Arten, die in unserer Landschaft eine lange Tradition haben, besser in das dichte Netz der Lebensgemeinschaften von Tieren und Pflanzen (Biozönosen) eingebunden. Aber neue Arten, die zum Beispiel das Blühspektrum erweitern, können eine gute Ergänzung sein: Es gibt genügend Beispiele von Gärten mit Blühpflanzen aus allen Gegenden der Welt, in denen sehr viele Wildbienenarten nachgewiesen wurden. Selbst spezialisierte Bienenarten nehmen Futterpflanzen an, die zwar nicht heimisch, aber nah verwandt mit heimischen Arten sind.

Aus ökologischen Gesichtspunkten sollte im urbanen Raum trotzdem für die Begrünungen ein Schwerpunkt auf heimische Pflanzenarten gesetzt werden. Das Vorkommen von Arten anderer Herkunftsgebiete sehe ich hier – in optischer sowie in ökologischer Hinsicht – aber als gewünschte Ergänzung an. Um ökologisch wertvolle, heimische Arten zu fördern, kann das Ausbringen von Saatgut eine Option sein. Auch punktuelle Anpflanzungen könnten zur Verwilderung in der Stadt beitragen.

ZUKUNFT DER STADTVEGETATION Obwohl die Städte Hochrechnungen zufolge in Zukunft enorm wachsen werden, ist damit der spontanen Stadtvegetation noch längst kein Platz gesichert. Eine Gefahr geht etwa von der Verdichtung der Innenstädte aus, mit der eine höhere Ausnutzung für die Gebäude erreicht werden soll.

Dieser Prozess ist insofern wichtig und richtig, als er mit der Bebauung »auf dem Land« konkurriert und damit einer weiteren Zersiedlung in den Randbereichen der Städte und im ländlichen Raum entgegenwirkt. Leider gehen dabei vielfach auch die Gärten und die Grünstrukturen älterer Wohngebiete verloren, die für bestimmte Pflanzen- und Tierarten von großer Bedeutung sind. Bei dieser Verdichtung entstehen zudem immer wieder temporäre Brachen, auf denen sich vorübergehend Vegetation etablieren kann. Und obwohl die Stadtvegetation von diesen dynamischen, temporären Wuchsorten lebt, ist es wichtig, dass nach der Bebauung einer Brache an einem anderen Ort wieder neue entstehen. Wo Baubrachen nicht einige Jahre verwildern können, sondern immer sofort wieder bebaut werden, bevor sie von der Vegetation angenommen werden konnten, verschwindet ein Teil des Motors der urbanen Artenvielfalt.

Gleichzeitig wächst aber gerade bei größeren Bauprojekten der Anspruch und die gesetzliche Bindung an den ökologischen Ausgleich. So entstehen auch Projekte, die hohen Naturwert und Nutzwert vereinen können.

Wegweisende Beispiele existieren bereits. Trotzdem ist noch viel Raum nach oben. Die spontane Stadtvegetation braucht die Akzeptanz in der Bevölkerung, damit sie in Zukunft mehr berücksichtigt wird. Ein erster Schritt besteht darin, die Wildpflanzen der Stadt aktiv wahrzunehmen. Und dem widmen sich die folgenden Kapitel.

Herbarbeleg: Die Indische Scheinerdbeere (*Potentilla indica*) ist im urbanen Raum verbreitet. Ihre aufrechten Beeren erinnern an Erdbeeren, sind aber weniger schmackhaft.

FREI
S94

52 AUSFLÜGE IN DIE URBANE PFLANZENWELT

Kleine Knospenkunde

ESCHE, BUCHE, FLÜGELNUSS

Wir schenken ihnen zumeist wenig Beachtung, den Blattanlagen, den Winterknospen der Gehölze, die wartend auf die nächste Vegetationsperiode im Tiefschlaf den Winter verbringen. Kahl sind die Laubbäume in der winterlichen Kälte und trotzdem lohnt es sich, sie beim nächsten Spaziergang durch den Park genauer zu betrachten. Denn anhand feinster Merkmale lassen sich fast alle Gehölzarten – ob gepflanzt oder spontan gewachsen – erkennen und bestimmen. Sie bieten dem Betrachtenden aber auch ganz ohne Bestimmungsziel eine faszinierende Geometrie und Ästhetik, die es zu entdecken gilt. Überdauerungsknospen sind ein Phänomen der Gehölze kalter Klimata. In den Tropen, in denen es keine kalte Jahreszeit gibt, müssen die Blattanlagen nicht in Knospen überwintern.

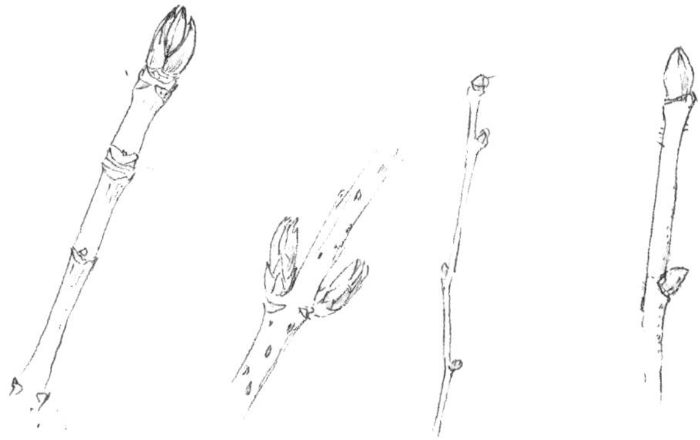

Skizzen (v. l. n. r.): Bergahorn (*Acer pseudoplatanus*), Schwarzer Holunder (*Sambucus nigra*) Eingriffliger Weißdorn (*Crataegus monogyna*), Platane (*Platanus × acerifolia*).
Linke Seite: Knospe der Rotbuche (*Fagus sylvatica*).

In den Winterknospen der Gehölze verstecken sich die Blatt- und Blütenanlagen für den Austrieb im nächsten Frühling. Unter einigen Deckschuppen, die oft dachziegelartig überlagert einen Schutz für die Blattanlagen bilden, stehen bereits vollständige Anlagen der Blätter, der Nebenblätter sowie – häufig in Endknospen an Zweigen des Triebstücks – oftmals auch der Blüten fürs nächste Frühjahr bereit.

In einzelnen Fällen, etwa bei der verwildernden **Kaukasischen Flügelnuss** (*Pterocarya fraxinifolia*), fehlen die Knospenschuppen vollständig, sodass das embryonale Blatt bereits im Winter ungeschützt zu sehen ist. Bei anderen Arten wie der häufig gepflanzten und in Parks verwildernden **Gewöhnlichen Rosskastanie** (*Aesculus hippocastanum*) sind die Blattanlagen klebrig, woran man sie sehr einfach von ähnlichen Arten der Gattung *Aesculus* unterscheiden kann.

Neben den Knospen selbst sind zudem die Anordnung der Blattanlagen in ihrem Winkel und in der Stellung zueinander wichtige Bestimmungsmerkmale. Manche Knospen wie die der **Eschen** (*Fraxinus*) und **Ahorne** (*Acer*) sind gegenständig, also einander am Zweig gegenübergestellt, während sie bei den **Buchen** (*Fagus*) immer abwechselnd auf beiden Seiten des Zweiges (wechselständig) angeordnet sind.

Skizzen (v. l. n. r.): Esche (*Fraxinus excelsior*), Rotbuche (*Fagus sylvatica*), Weide (*Salix* sp.) und Hasel (*Corylus avellana*).

Links oben die Gewöhnliche Esche (*Fraxinus excelsior*), darunter die Kaukasische Flügelnuss (*Pterocarya fraxinifolia*); rechts der Speierling (*Sorbus domestica*) und darunter die Gewöhnliche Rosskastanie (*Aesculus hippocastanum*).

Ein gedeckter Tisch für Distelfinken

KARDEN

Wo Karden gesät sind, ist auch der Distelfink (*Carduelis carduelis*) nicht weit. Die hohen Samenstände der Kardendisteln sind mit den »echten Disteln« aus der Familie der Körbchenblütler, den Ring- (*Carduus*) und Kratzdisteln (*Cirsium*), nicht näher verwandt. Der Distelfink, einer der farbenprächtigsten heimischen Vögel, mag sie aber besonders gerne, denn im Gegensatz zu den erwähnten Körbchenblütler-Disteln, deren Samen mit einem Haarkelch (Pappus) schnell wegfliegen, bleiben Samen der Karden lange im Blütenstand hängen und sind zumeist bis in den frühen Frühling verfügbar. Beim Schaukeln der elastischen, bis zu drei Meter hohen Stängel im Wind oder erst recht durch den Anflug der flinken Finkenvögel werden die Samen aus den stacheligen Samenständen geschleudert.

Früher waren die Karden typische Pflanzen der landwirtschaftlichen Brachen und hatten – ausgehend von der Dreifelderwirtschaft – lange Tradition in der europäischen Kultur. In der modernen Landwirtschaft sind sie aber weitestgehend verschwunden. Durch gezielte Förderung und Subventionierung nehmen Brachen mit Karden nun wieder zu. Heute besiedeln Karden auch Baubrachen, Ruderalflächen und ungenutzte Areale. Die Blattrosette bildet sich im ersten, der Blütenstand im zweiten Jahr.

Die Karden sind im Gegensatz zu den Disteln nah mit den Heckenkirschen (*Lonicera*) und auch den Skabiosen (*Scabiosa*) und Witwenblumen (*Knautia*) verwandt. In besiedelten Gebieten kommt ihre Gattung *Dipsacus* besonders artenreich vor. Die bekannteste Art aus der Gattung ist die **Wilde Karde** (*Dipsacus fullo-*

Samenstände der Wilden Karde (*Dipsacus fullonum*).

num) mit ihren einzigartigen violetten Blütenständen, die von der Mitte nach oben und unten in zwei Reihen nach außen blühen.

Selten gepflanzt und bei uns nur noch in Einzelfällen verwildert kommt auch die kultivierte Form, die **Weber-Karde** (*Dipsacus sativus*), vor. Anhand der nur sehr selten als Wildpflanze verbreiteten Art lässt sich der Namen dieser Gattung erklären. Die Weber-Karde wurde durch Auslese so gezüchtet, dass sie zum Karden von Stoffen geeignet ist. Die spitzen Kelche im Blütenstand sind am Ende gebogen und bilden Haken, mit denen sich Stoff aufrauen lässt. Noch heute werden in manchen Manufakturen hochwertige Stoffe mithilfe der Samenstände der Weber-Karde veredelt. Wie auch andere Arten der Gattung ist die Weber-Karde heute auch in den USA verwildert anzutreffen, wo sie früh eingeführt wurde.

Ähnlich sieht beiden auch die weiß blühende, an den Blättern erkennbare **Zerschlitztblättrige Karde** (*D. laciniatus*). Diese Art finden wir zwar seltener als die Wilde Karde auf Brachen oder an Wegrändern, gelegentlich wird sie aber zur ökologischen Aufwertung angesät.

In lichten Wäldern, manchmal auch in Gärten oder an schattigen Wegrändern auf kalkhaltigem Boden kommt die **Behaarte Karde** (*D. pilosus*) mit ihren kleinen, hellgelben Blütenköpfchen vor. Sie ist zwar keine typische Stadtpflanze, trotzdem finden wir sie hin und wieder in gut durchgrünten Wohngebieten.

Die sehr ähnliche **Schlanke Karde** (*D. strigosus*) ist hingegen eine recht typische Pflanze urbaner Brachen, die sich derzeit in Mitteleuropa ausbreitet. Während sie im östlichen Mitteleuropa schon weit verbreitet ist und etwa in München zu Tausenden auf Brachen blüht, ist sie in der Schweiz erst an wenigen Standorten nachgewiesen worden. Sie stammt ursprünglich aus Osteuropa und Vorderasien. Von der Behaarten Karde lässt sie sich anhand ihrer gelben anstelle der violetten Staubbeutel unterscheiden.

Wilde Karde (*Dipsacus fullonum*).

Links die Wilde Karde (*Dipsacus fullonum*);
rechts oben der Samenstand der Behaarten Karde (*D. pilosus*),
darunter die Zerschlitztblättrige Karde (*D. laciniatus*).

Links der Wuchs und der Samenstand der Weber-Karde (*Dipsacus sativus*);
rechts oben die Schlanke Karde (*D. strigosus*) in München,
unten die herbstlichen Samenstände der Behaarten Karde (*D. pilosus*).

Einmal um die Welt

STACHELNÜSSCHEN

Diese Pflanze blüht gerade jetzt in ihrem natürlichen Habitat im Grasland auf der anderen Seite dieser Welt, in Neuseeland, wo sie dichte Bestände mit ihren gefiederten Blättern bildet und bis in alpine Rasen aufsteigt. Hier in Mitteleuropa finden wir derzeit nur die Blätter und die Samenstände an Straßenrändern, an Gartenrändern und in verwilderten Restflächen.

Acaena, die Stachelnüsschen, werden als Zierpflanzen wegen ihres bodendeckenden Wuchses und ihrer faszinierenden Samenstände gepflanzt. Da und dort verwildern sie, besonders auf ruderalen Flächen entlang von Straßen, aber auch auf sandigem Boden und durchlässigen Dünen, wo sie in Großbritannien heute mancherorts in großen Beständen anzutreffen sind. Die Stachelnüsschen sind als Gattung nicht nur in Neuseeland, sondern in Form vieler Arten auf der gesamten südlichen Hemisphäre heimisch. Aus Neuseeland stammen die regelmäßig kultivierten Arten *A. buchananii*, *A. microphylla* und *A. novae-zelandiae.* Ihre Blätter und Blüten ähneln entfernt den heimischen Wiesenknopfarten (*Sanguisorba*), die ebenfalls zu den Rosengewächsen gehören. Diesen fehlen aber die Stacheln im Samenstand, die sich mit feinen Widerhäkchen in Kleidern verhaken können, sowie die sich flächig ausbreitenden Ausläufer.

Stachelnüsschen sind keine verbreiteten Pflanzen in Mitteleuropa, aber eine der wenigen Arten aus Neuseeland, die hier verwildert vorkommen und sozusagen vom anderen Ende der Welt den Sprung zur Wildpflanze ins europäische Klima geschafft haben. Umgekehrt beheimatet Neuseeland hingegen aufgrund seiner

Stachelnüsschen (*Acaena microphylla*) im Winter, verwildert in Zürich.

Das Stachelnüsschen (*Acaena microphylla*) zu verschiedenen Jahreszeiten.
Unten links die Art *A. buchananii*.
Rechte Seite: Skizze und Herbarbeleg: Stachelnüsschen (*A. buchananii*).

Einwanderungsgeschichte heute eine riesige Zahl ursprünglich europäischer Gewächse und Tiere. Mancherorts erinnert einen die Flora mehr an die europäische Herkunft vieler Bewohnerinnen und Bewohner denn an die einzigartige neuseeländische Flora. Das stellt den Naturschutz auf den Inseln vor große Herausforderungen.

Eine weitere aus Neuseeland stammende Art ist *Cardamine corymbosa*, das Neuseeländische Schaumkraut, das im Siedlungsraum in Deutschland und der Schweiz schon nachgewiesen wurde. Eine der erfolgreichsten Arten aus Neuseeland ist aber wohl die Neuseeländische Zwergdeckelschnecke (*Potamopyrgus antipodarum*), eine kleine, wasserbewohnende Gehäuseschnecke, die heute auch in Europa, Japan und Nordamerika weit verbreitet ist.

Immerblüher

RISPENGRAS UND VOGELMIERE

Fast alle Pflanzenarten in unseren Breiten haben klar beschränkte Zeiten, in denen sie keimen, blühen oder fruchten. Ihr Zyklus richtet sich nach den Jahreszeiten. Für einige wenige Pflanzen gilt das nur bedingt, sodass man sie während des gesamten Jahres blühend antreffen kann. Dennoch haben auch die hier vorgestellten Arten bestimmte Zeiten, in denen sie häufiger blühen. Einige wenige Pflanzen mit offenen Blumen finden wir aber praktisch immer.

In der Literatur zählen insbesondere drei Arten zu dieser Gruppe. Sie alle sind häufige, einjährige und relativ kurzlebige Arten, die auf offenen Böden wachsen. Hierzu gehört das **Einjährige Rispengras** (*Poa annua*), eine niedrig wachsende Rispengrasart, die in lückigen Rasen genauso wie in Fugen, an Wegrändern, auf Baustellen, auf Waldlichtungen und an Mauerfüßen zu finden ist. *Poa annua* ist eines der häufigsten und am weitesten verbreiteten Gräser Mitteleuropas und kommt heute sogar auf allen Kontinenten der Welt vor. Es ist die einzige Blütenpflanze, von der selbst in der Antarktis reproduzierende Populationen nachgewiesen wurden. Sie ist es auch, die bei Graspollenallergikern in der Stadt manchmal schon im Vorfrühling allergische Reaktionen auslösen kann, während die meisten anderen Grasarten erst im Mai so richtig in Blüte gehen.

Ähnlich sieht es bei einer Pflanze aus, deren botanischer Name *Stellaria media* wesentlich hübscher klingt als sein deutsches Pendant Mäuse- oder Hühnerdarm. Tatsächlich ist das zierliche

Vogelmiere (*Stellaria media*) an einem ungenutzten Bahngleis.

Nelkengewächs, oft auch **Vogelmiere** genannt, während der kühlen Jahreszeit mit seinen weißen Blüten eine der häufigsten blühenden Arten auf nährstoffreichen Plätzen in den Städten. Nebenbei ist sie auch eine hervorragende Salatbeigabe – wenngleich der Ort zum Pflücken dieser niedrigwachsenden Art gerade in der Stadt weise gewählt sein will.

Die dritte, in allen Monaten blühende Art ist das **Gemeine Greiskraut**. Auch sie ist von Europa und Westasien aus weit über den Globus verbreitet worden. *Senecio vulgaris* ist eine unauffällige Pflanze; im Gegensatz zu vielen anderen Arten ihrer Gattung bestehen die Blütenköpfchen meist nur aus Röhrenblüten. Es fehlen die Zungenblüten, die anderen Asternartigen, etwa Margeriten, die typischen »Blütenblätter« verleihen.

Während viele einjährige Stadtpflanzen herbstkeimende Arten sind, können die drei hier vorgestellten Immerblüher ebenfalls im Sommer keimen. Auch deshalb kommen nicht alle gleichzeitig zur Blüte.

Skizzen (v. l. n. r.): Vogelmiere, Einjähriges Rispengras und Gemeines Greiskraut.

Links das Gemeine Greiskraut (*Senecio vulgaris*); rechts oben das Einjährige Rispengras (*Poa annua*), unten die Vogelmiere (*Stellaria media*).

Farbenfrohe Chimären

FLECHTEN

Im zeitigen Frühjahr leuchten uns die in Feuchtigkeit getränkten orangen, gelben oder grünlich schimmernden Flechtenlager besonders intensiv entgegen. An den stets schneefreien Vertikalen, an Naturstein- oder an Betonmauern sowie an Baumstämmen werden wir fast immer fündig.

Flechten sind eigentlich keine Pflanzen, vielmehr werden ihre Thalli (Lager) durch Schlauchpilzarten gebildet. Einfach Pilze sind sie aber auch nicht, da sie wie Pflanzen Fotosynthese betreiben. Im Grunde genommen sind Flechten ein Miniaturabbild dessen, was sich fast unter jedem Baum und unter vielen krautigen Pflanzen im Boden abspielt: eine symbiotische Beziehung zwischen Pilz und Pflanze. So wie ein Steinpilz der Fichte Nährstoffe im Tausch für das Fotosyntheseprodukt Zucker liefert, stehen auch der pilzige Flechtenkörper mit seiner eingelagerten Grünalgen- oder Cyanobakterienart im Austausch.

So gesehen ist jede Flechte eine fabelhafte Chimäre, ein Mischwesen, gebildet aus einer Pilz- und einer Algenart, die in einem gemeinsamen Flechtenkörper leben. Diese Lebensgemeinschaft kontrastiert unsere Vorstellung vom Individuum als kleinster eigenständiger Lebensform. Die Flechte kann nur existieren, wenn sich Pilz und Pflanze zusammentun, zwei Organismen aus unterschiedlichen biologischen Reichen.

Flechten vermehren sich einerseits vegetativ durch kleine Teile, die an Sollbruchstellen abbrechen und durch das Wild, den

Verschiedene Gelb-, Kuchen- und Schönflechten auf einer Sandsteinmauer mitten in Zürich.

Links die Gewöhnliche Gelbflechte (*Xanthoria parietina*) am Stamm einer Rosskastanie; rechts die weiße Mauerflechte (*Lecanora muralis*) sowie die orange Zierliche Gelbflechte (*Rusavskia elegans*) auf einer Brückenbrüstung in der Altstadt von Zürich.

Wind oder über Schuhsohlen verbreitet neue Bestände bilden, andererseits durch sexuelle Vermehrung, die aber nur vom Pilz ausgehen kann. Die Alge ist in der Flechte gebunden selber nicht fortpflanzungsfähig.

Zu den relativ einfach zu bestimmenden Flechtenarten, die an Mauern in der Stadt immer wieder zu finden sind, gehören die weiße oder grünliche **Mauerflechte** (*Lecanora muralis*) und **Gelbflechten** (*Xanthoria* spp.).

Flechten sind dabei keinesfalls schädlich, wie manchmal behauptet wird. Ihre Energie stammt aus der Fotosynthese, die Düngung erfolgt über die Luft. Spannenderweise werden die Stadtflechten auch durch Stickstoffverbindungen aus Verkehrsabgasen gefördert. Vor Einbau der Katalysatoren hatten die Verkehrsabgase, vor allem das Schwefeldioxid, fast alle Flechtenarten aus den besiedelten Gebieten vertrieben. Auch heute fehlen hier noch viele sensible Arten. Weil Flechten so direkt auf Stoffe in der Luft reagieren, werden sie als Bioindikatoren für Luftschadstoffbelastungen herangezogen.

In Zürich wurden bei einer neueren Untersuchung 59 epiphytische Flechtenarten an Bäumen im urbanen Raum gefunden. Die Diversität ist zwar wesentlich kleiner als in ursprünglicheren Habitaten, aber dennoch erstaunlich hoch, auch wenn wir die farbenprächtigen Wesen im Alltag kaum wahrnehmen mögen. Wenn wir Baumstämme nach Flechten absuchen, lohnt es sich, Stellen mit wenig Borkenbildung zu betrachten. Hier finden sich – genauso wie an jungen Bäumen oder hohen Kronenteilen mit dünnerer Rinde – oft mehr Flechtenarten.

Zeitzeugen längst vergangener Gartenkultur

STINSENPFLANZEN

Als Zeitzeugen längst vergangener Gartenkultur überdauern manche Pflanzen mithilfe von Knollen an Orten, an denen sie vor Jahrzehnten oder Jahrhunderten gepflanzt wurden. Wir finden auch heute mancherorts die urtümlichen Reste längst verschwundener Gärten im zeitigen Frühjahr, die sogenannten Stinsenpflanzen. Manchmal blühen sie in Parkanlagen als Relikte von Pflanzungen, die längst aufgehoben wurden, auf Brachen, die einst Gärten waren, oder auch in Gartenanlagen, die seit Jahrhunderten auf dieselbe Weise gepflegt werden.

Der Begriff der Stinsenpflanze stammt aus dem Friesischen und steht für »Steinhauspflanze«. Das bezieht sich auf die exotischen Pflanzen, die oft in den Gärten herrschaftlicher Häuser gepflanzt wurden. Während die Gärten und manchmal auch das Haus selbst über die Zeit verändert oder neuen Nutzungen gewichen sind, sind die Pflanzen geblieben und zeigen bis heute den Ort eines ehemaligen Gartens an. Im Gegensatz zu stark ausbreitungsfreudigen Arten ist es den Stinsenpflanzen eigen, dass sie auch Jahrzehnte – und mancherorts Jahrhunderte – nach deren Kultur noch am gleichen Ort vorkommen. Eines der bekanntesten Beispiele ist die Krokusblüte in Husum. Im Schlosspark der norddeutschen Gemeinde blühen jedes Jahr vier Millionen mediterrane **Krokusse**, deren Ursprung in einem Klostergarten des 15. Jahrhunderts vermutet wird. Die Blüte wird mit dem Krokusblütenfest gefeiert und gilt als Frühlingsbotschaft.

Krokusbestand (*Crocus tommasinianus*) in einem Park.

Natürlich lässt sich in städtischen Garten- und Parkanlagen oftmals nicht mehr nachvollziehen, woher eine Pflanze stammt und wann sie gepflanzt wurde. Zudem werden heute oft auch gezielt Krokusrasen nach dem Vorbild über Generationen entstandener Stinsenbestände angelegt.

Viele Zwiebel- und Knollenpflanzen (sogenannte Geophyten), die zur Verwilderung neigen, breiten sich durch Teilung der unterirdischen Organe im nächsten Umfeld sowie durch Aussaat im etwas weiteren Raum aus. So sind größere Bestände des ostmediterranen **Winterlings** (*Eranthis hyemalis*) oftmals viele Jahrzehnte alt. Und auch die **Traubenhyazinthen** (*Muscari* spp.), **Blausterne** (*Scilla* spp.), **Schneeglöckchen** (*Galathus nivalis* u. a.) und die **Märzenbecher** (*Leucojum vernum*) findet man heute sowohl in Parkanlagen als auch in natürlicherem Umfeld weit über ihre natürlichen Bestände hinaus verbreitet. Zu den später blühenden Stinsenpflanzen gehören in Mitteleuropa auch Heilpflanzen wie die Osterluzei (*Aristolochia clematitis*) oder die Weinraute (*Ruta graveolens*).

Skizzen (v. l. n. r.): Elfen-Krokus, Winterling, Schneeglöckchen.

Zwiebelpflanzen sind oft Stinsenpflanzen: links oben das Schneeglöckchen (*Galathus nivalis*), darunter der Winterling (*Eranthis hyemalis*); rechts oben die Traubenhyazinthe (*Muscari* spp.), darunter der Märzenbecher (*Leucojum vernum*).

Blattrosetten

FÄRBERWAID UND ESELSDISTELN

Solange es noch kühl ist, lohnt es sich, die einzigartige Geometrie winterlicher Blattrosetten zu betrachten.

Viele Pflanzen, gerade zweijährige, einjährig überwinternde (winterannuelle) und einige mehrjährige Stauden bilden in der kalten Jahreszeit grundständige Blätter, zwischen denen die Stängelabschnitte (Internodien) äußerst kurz sind, sodass die Blätter sternförmig aus einem Punkt zu wachsen scheinen.

In diesem Zustand sind die Pflanzen geschützt vor winterlichem Wind und, dem Boden anhaftend, besonders außerhalb der Städte auch vor den pflanzenfressenden Tieren wie Ziegen und Schafen auf den Weiden oder Reh und Hirsch in natürlicheren Landschaften. In dieser kalten Zeit, in der Gehölze ohne Blätter und manche einjährige Pflanzen als Samen überdauern, sind die Blätter dieser Arten exponiert, wenn es sonst in der Landschaft nicht viel frische Nahrung gibt. Darum sind die Blätter, die über dem Boden überwintern, oft bewehrt, enthalten bitteren Pflanzensaft wie bei der **Wegwarte** (*Cichorium intybus*) oder sind dornig gezähnt wie viele Disteln. Einige Arten wie der **Natternkopf** (*Echium vulgare*) oder die **Königskerzen** (*Verbascum*) sind wiederum dicht behaart. Das schützt die Pflanze nicht nur vor der Sonne, sondern bietet auch einen gewissen Schutz gegen Fraß. Kaum wird es wärmer, haben diese Pflanzen, die im vergangenen Jahr oft eine tiefe Pfahlwurzel gebildet haben, viel Energie und überragen bald die anderen Pflanzen rundherum.

Blattrosette der Wilden Karde (*Dipsacus fullonum*).

Links (v. o. n. u.): Blattrosetten von Eselsdistel (*Onopordum acanthium*), Geschlitztblättriger Karde (*Dipsacus laciniatus*), Kleinblütiger Königskerze (*Verbascum thapsus*), Gewöhnlicher Kratzdistel (*Cirsium vulgare*); rechts (v. o. n. u.): Blattrosetten von Wegwarte (*Cichorium intybus*), Natternkopf (*Echium vulgare*), Kron-Lichtnelke (*Lychnis coronaria*), Rheinischer Flockenblume (Centaurea stoebe).

Links (v. o. n. u.): Blattrosetten von Pippau (*Crepis* sp.), Kohl-Gänsedistel (*Sonchus oleraceus*), Zweijähriger Nachtkerze (*Oenothera biennis*), Färberwaid (*Isatis tinctoria*);
rechts (v. o. n. u.): Blattrosetten von Hirtentäschel (*Capsella bursa-pastoris*), Rauer Gänsedistel (*Sonchus asper*), Pyrenäen-Storchenschnabel (*Geranium pyrenaicum*), Ferkelkraut (*Hypochaeris radiacta*).

Nektar für die Königin

NIESWURZEN

Die Honigbiene ist bei uns die einzige Bienenart, die als ganzer Staat den Winter übersteht; als Winternahrung füllen die fleißigen Bienen die Waben mit Honig. Die Hunderte anderen in Europa heimischen Bienen bilden keinen Honig als Winternahrung, denn sie überwintern überwiegend als unbewegliche Puppe, solitär, in einer Erdhöhle oder einem hohlen Stängel. Seltener überdauern sie den Winter als ausgewachsene Biene in Winterstarre. Das gilt auch für die Hummeln (Gattung *Bombus*), die zwar Staaten bilden, bei denen aber nur die Königin den Winter überlebt. Schon im Februar ist sie an warmen Tagen auf der Suche nach einem guten Platz für ihr Hummelvolk und sucht dafür Fassaden nach Höhlen und den Boden nach Löchern ab. Um in dieser Zeit Energie für sich und ihren Nachwuchs zu tanken, ist sie dabei gerade im Siedlungsraum oft auf die Pollen und den Nektar der früh blühenden Nieswurzen angewiesen. Die Vielfalt der Christ- und Lenzrosen oder Nieswurzen, wie man einige der Arten nennt, ist im Siedlungsraum durch zusätzliche, kleinräumig verwildernde Kulturformen (Kultivare) besonders beachtlich.

Neben der winterblühenden **Christrose** (*Helleborus niger*), die nur an wenigen Wildstandorten in Mitteleuropa vorkommt, aber häufig in Gärten angepflanzt wird, ist insbesondere die orientalische **Lenzrose** (*H. orientalis*) und ihre Hybriden eine verbreitet verwilderte Gruppe. Sie kommt relativ häufig unter Hecken, in verlassenen Gärten, am Rand von Familiengartenarealen sowie in Friedhof- und Parkanlagen vor. Obwohl sie sich gut versamt und die Samen durch Ameisen verschleppt werden, breitet sie sich nur

Hummelkönigin an der Stinkenden Nieswurz (*Helleborus foetidus*) im Siedlungsraum.

langsam aus. Ameisen interessieren sich wegen eines nährstoffreichen Anhängsels, dem sogenannten Elaiosom, für die Samen. Von der Orientalische Nieswurz wurden unzählige Kultivare mit unterschiedlichen Basisfarben der Blüten, Sprenkelungen und Farbschlägen gezüchtet. An diesen Züchtungen mit der ursprünglich grünblütigen Orientalischen Nieswurz ist wohl insbesondere die **Purpur-Nieswurz** (*H. purpurascens*) beteiligt.

Eine weitere Art, die in Pflanzungen immer öfter kultiviert wird und die sich gut an trockenen Standorten hält, ist die **Korsische Nieswurz** (*H. argutifolius*) mit stark gesägten Blättern und grüner Blüte. Sie sieht der kleinen heimischen **Grünen Nieswurz** (*H. viridis*) ähnlich, die aber vorzugsweise in Hangwäldern und nur sehr selten im urbanen Raum vorkommt, da sie kaum kultiviert wird.

Als weitere, häufige Art ist die auf trockenwarmen, kalkhaltigen Waldböden ursprüngliche **Stinkende Nieswurz** (*H. foetidus*) zu nennen, die – in naturnahen Pflanzungen einmal etabliert – oft schnell den Weg in umgebende Flächen findet. Ihre palmwedelartigen Blätter, derentwegen sie auch den Namen Palmblatt-Nieswurz trägt, und die über den ganzen Winter heranwachsenden Blütenstände sind während der gesamten kalten Jahreszeit eine Zierde.

Skizzen von Stinkender und Grüner Nieswurz.

Links oben die Garten-Nieswurz (*Helleborus-orientalis*-Hybriden), darunter die Korsische Nieswurz (*H. argutifolius*); rechts oben die Blätter der Stinkenden Nieswurz (*H. foetidus*) und unten die Blüte der Christrose (*H. niger*).

Dreifache Rekordhalter

HUNGERBLÜMCHEN

Wenn wir an den ersten warmen Tagen im Frühling besonnte Ritzen in Belägen betrachten, entdecken wir in diesen Habitaten als Erstes die weiß-gelben Farbtupfer des Frühlings-Hungerblümchens, eines wahren Winzlings unter den Blütenpflanzen.

Im Hinblick auf die mitteleuropäische Flora ist das **Frühlings-Hungerblümchen** gleich in drei Disziplinen außergewöhnlich. Erstens gilt es hier als häufigste Art seiner Familie, der Kreuzblütengewächse. Zweitens ist es deren kleinste Art, wenn wir die Stadtflora betrachten und hochalpine Arten ausblenden. Und drittens ist es eine der kurzlebigsten Pflanzen unserer Region. Sie keimen vom Spätherbst bis in den Winter, blühen im zeitigen Frühjahr für ein paar Tage, fruchten sofort und sind im April meistens wieder verschwunden.

Die botanischen Namen *Erophila* oder *Draba verna* sind dabei eine Sammelbezeichnung für eine ganze Reihe von Kleinarten, die sich in feinsten Details der Behaarung, der Wuchshöhe oder der Form der Frucht-Schötchen unterscheiden. Ungewöhnlich ist für ihre Familienzugehörigkeit auch, dass dieses Kreuzblütengewächs acht anstelle der typischen vier Kronblätter aufzuweisen scheint; diese sind fast bis zum Grund gespalten.

In den traditionellen Landschaften kommt die Art als Beikraut auf mageren Äckern, an Wegrändern, aber auch in Magerwiesen vor, wo sie als eine der ersten Arten blüht, bevor das Wachstum der hochwüchsigeren Gräser einsetzt. In der Stadt liebt sie steinige Böden, etwa gekieste Wege, Plätze, aber auch die Ritzen von Belägen und Fugen zwischen Pflastersteinen. Die Art wächst

Frühlings-Hungerblümchen (*Draba verna* agg.) in Belagsfugen.

oft in großen Beständen auf mageren Böden mit wenig Konkurrenz, also an Standorten, die in der Stadt häufig anzutreffen sind.

Typisch für den kleinen Kreuzblütler sind die rundlichen Schötchen, die oft nur wenig länger als breit sind. An ihnen lässt sich die Art von weiteren, in der Folge erwähnten Kreuzblütlern einfach unterscheiden. Die Stängel wachsen aus grundständigen Rosetten. Die Pflanzen werden selten höher als fünf Zentimeter, können aber in Ausnahmefällen, besonders in wenig besonnten Lagen, bis zum Ende der Blütezeit wesentlich an Höhe gewinnen.

Später, gewissermaßen als Ablösung, hält der **Dreifinger-Steinbrech** (*Saxifraga tridactylites*) vielerorts auf denselben Habitaten Einzug. Er blüht im etwas späteren Frühjahr, ist ebenfalls einjährig und als wärmeliebende Art derzeit in schneller Ausbreitung begriffen.

Skizze: Hungerblümchen (*Draba verna*) von einem Wegrand.

Hungerblümchen (*Draba verna*) in voller Blüte, als Blattrosetten, bei der Fruchtbildung und (unten rechts) verblüht zwischen den Blütenständen des Dreifinger-Steinbrechs (*Saxifraga tridactyulites*) im April.

Hinter dieses Baumes Rinde

PLATANEN

»Hinter dieses Baumes Rinde« dichtete Heinz Erhardt einst. Nur dass wir in unserem Fall nicht die »Made mit dem Kinde«, sondern eine ganz andere faszinierende Spezies hinter den Rindenschuppen der Platanen entdecken können.

Nirgends ist die Vielfalt der Bäume höher als in der Stadt. Das ist nicht darauf zurückzuführen, dass die Artenvielfalt der spontan wachsenden Gehölze hier viel größer wäre als in ländlicheren Gebieten, sondern es werden besonders in Städten viele weitere Arten als Ziergehölze angepflanzt. Und tatsächlich sind die Städte heute Baumsammlungen mit Hunderttausenden Bäumen entlang der Straßen, in Parkanlagen und in Gärten. Gerade in gut durchgrünten Wohngebieten ist es deshalb merklich kühler als in ausschließlich befestigten Gebieten mit wenig Bewuchs. Das ist ein wertvoller Faktor bei der Diskussion ums Stadtklima, denn die weitere Erhitzung der städtischen Wärmeinseln führt nach den gängigen Berechnungen schon in nächster Zukunft zu erheblichen Problemen für die Stadtbevölkerung.

Dass sich dabei auch die eine oder andere nicht heimische Baumart aussähen kann, ist nicht weiter verwunderlich. Die **Ahornblättrige Platane** (*Platanus × acerifolia*), einer der erfolgreichsten Stadtbäume überhaupt, ist eine Züchtung, eine Kreuzung aus der **Amerikanischen Platane** (*P. occidentalis*) und der **Morgenländischen Platane** (*P. orientalis*). Die Hybriden, die aufgrund des sogenannten Heterosis-Effekts durch enormen Wuchs ihre selten gepflanzten Elternarten weit überragen, sind in Parkanlagen und als Straßenbäume in gemäßigtem bis mediterranem Klima anzu-

Rinde einer Platane (*Platanus × acerifolia* bzw. *P. × hispanica*).

treffen. In vielen Städten sind sie die am häufigsten gepflanzte Baumart. In Zürich bildet die **Ahornblättrige Platane** etwa die riesigen Baumbestände des Platzspitz-Parks, in Barcelona die »La Rambla« und in Paris Abschnitte des Champs Élysées, die Allee »The Mall« am Buckingham Palace in London oder die Königsallee in Düsseldorf, um nur einige Beispiele zu nennen.

Auf der Platane konnten sich in den letzten Jahren in Europa die Platanen-Netzwanzen (*Corythucha ciliata*) ausbreiten. Ursprünglich auf amerikanischen Platanenarten beheimatet, leben sie heute auch auf den Bäumen unserer Städte. Die unauffälligen, winzig kleinen Insekten gehören bei uns zu den wenigen Tieren, die auf diese exotische Baumart angewiesen sind. Wenngleich hin und wieder als Schädling klassifiziert, stellen sie für die Bäume keine ernsthafte Gefahr dar. Im Sommer sitzen die Tiere verstreut in den Baumkronen und saugen an den Blättern. Im Winter aber nutzen sie die einzigartige Rindentextur der Platanenhybriden. Weil sich die Borke plattenartig erneuert, bilden sich Risse und kleine Hohlräume. Darunter sitzen die Wanzen oft zu Hunderten und Tausenden in Winterstarre und warten auf das warme Wetter und den Blattaustrieb. Es lohnt sich, die Tierchen mit einer Lupe zu betrachten, dann sieht man ihre einzigartige Musterung, der sie den englischen Namen »Lace Bug« (wörtlich übersetzt: Spitzen-Wanze) verdanken.

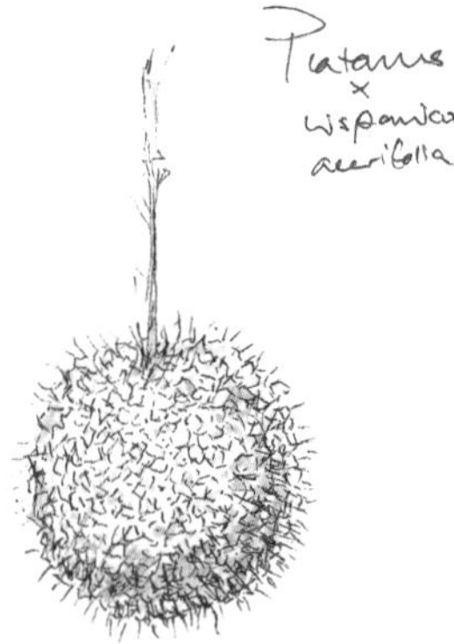

Skizze: Frucht der Platane (Platanus × *acerifolia*).

Links oben die Frucht der Platane und darunter eine Platanenreihe an der Sihl in Zürich; rechts verwilderte Platanen (*Platanus × acerifolia*) auf dem Gleisfeld des Hauptbahnhofs in Zürich und darunter Platanen-Netzwanzen an der Rinde im Frühjahr.

Stiefmütterliche Duftpflanzen

VEILCHEN

Wer kennt nicht den lieblichen Duft von Veilchen, wie er in Parfums, einer Seife oder in einem Duschgel Verwendung findet. In der Natur nimmt man diesen Geruch weit seltener wahr, da Veilchenblüten dicht am Boden wachsen und nicht alle Veilchenarten gleich intensiv duften.

Einige Arten der Gattung *Viola* finden sich häufig an halbschattigen Orten, auf Rasenflächen sowie unter Hecken in Parks und verwilderten Gärten, andere auch an Straßenrändern und auf Baustellen, insbesondere die einjährigen Arten wie Stiefmütterchen.

Für seinen Geruch bekannt ist das **Duftende Veilchen** (*Viola odorata*). Es ist eine typische Pflanze der besiedelten Gebiete. Wohl schon im Mittelalter hat es den Weg als Zier- und Heilpflanze aus Osteuropa und dem Kaukasus nach Mitteleuropa gefunden. In Rasen, unter Hecken, meist an halbschattigen Orten bildet es dichte, mehrjährige Bestände und ist hier oft häufiger anzutreffen als die ähnlichen heimischen Arten. Hellviolett leuchten uns etwa das **Wald-** (*V. reichenbachiana*) und das **Hain-Veilchen** (*V. riviniana*) entgegen. Diese Arten sind zwar auch in Grünanlagen und gelegentlich am Straßenrand zu finden, aber wesentlich häufiger an Waldrändern und auf Weiden.

Der Veilchenduft, den wir aus Parfums kennen, stammt ursprünglich aus der Veilchenwurzel. Als Veilchenwurzeln werden die Rhizome einer **Schwertlilie** (*Iris germanica* var. *florentina*) bezeichnet, die des Duftes wegen seit Jahrhunderten in Mitteleuropa kultiviert wird. Der Duft der getrockneten Wurzel, der von langsam entweichenden ätherischen Ölen herrührt, hält viel län-

Sämling eines Garten-Stiefmütterchens (*Viola × wittrockiana*).

Links ein Duftendes Veilchen (*Viola odorata*) am Straßenrand, darunter ein Hain-Veilchen (*V. riviniana*); rechts das Wald-Veilchen (*V. reichenbachiana*), darunter ein Bestand von Acker-Stiefmütterchen (*V. arvensis*).

ger an als der von frischen Veilchen. Die violette Veilchen-Iris und nah verwandte mediterrane Arten sind ebenfalls in den Städten verbreitet, allerdings nur angepflanzt und selten über größere Distanzen verwildert.

Die meist einjährigen Stiefmütterchen unterscheiden sich durch ihre Blütengeometrie deutlich von den mehrjährigen Veilchenarten, gehören aber zur gleichen Gattung. Wir kennen sie als Wild- und Zierpflanzen, die Blüten können zudem als farbenfrohe Dekoration den Frühlingssalat bereichern. Sie blühen wie die Frühlingsveilchen zumeist schon ab März, anders als diese aber manchmal bis weit in den Sommer hinein. Das **Acker-Stiefmütterchen** (*Viola arvensis*) ist auch heute noch da und dort auf Äckern vertreten, hat aber auch den urbanen Raum erobert, sodass wir sie auf Bahntrassen oder regelmäßig umgegrabenen Flächen finden können.

Garten-Stiefmütterchen, unter dem botanischen Namen *V. × wittrockiana* beschrieben, sind Zuchtformen, die aus Hybriden verschiedener Stiefmütterchen hervorgegangen sind. Sie werden mit ihren viel größeren Blüten als Grabschmuck und in anderen einjährigen (annuellen) Pflanzungen eingesetzt und versamen sich gelegentlich im städtischen Umfeld.

Skizzen: Garten-Stiefmütterchen (*Viola × wittrockiana*) und Duftendes Veilchen (*V. odorata*).

Blüte vor Blatt

TEEBLUME

Als Teeblume, **Huflattich,** Rossfuß, Breit- oder Brustlattich kennen wir diese Pflanze mit ihren leuchtend gelben Blumen. Wie die meisten Pflanzenarten mit vielen Namen war sie früher in der Volksheilkunde wichtig. Besonders als husten- und schleimlösendes Mittel und zur Heilung von Mund- und Rachenproblemen war die Pflanze beliebt. In Teezubereitungen waren die Blüten und besonders die Blätter von Bedeutung. Heute wird sie selten eingesetzt, auch weil enthaltene Alkaloide eine potenziell schädliche Wirkung haben könnten. Arzneilich zugelassene Produkte stammen seither aus speziellen alkaloidarmen Huflattichkulturen. Der botanische Gattungsname *Tussilago* zeugt von dieser Anwendung und leitet vom lateinischen Wort *tussis* für Husten ab.

Die Teeblume ist eine typische Ruderal- und Pionierpflanze, die wir an Stellen finden, die frisch umgegraben wurden oder sonst spärlichen Bewuchs aufweisen. In Städten finden wir sie vor allem an Wegrändern, oft auf kiesigem Grund, gelegentlich wächst sie selbst in kleinen Ritzen aus dem Asphalt. Als typische Baustellenpflanze besiedelt sie manchmal auch in kurzer Zeit Aushubhügel, Kieshaufen und Rohböden. Aufgrund ihrer kleinen, flugfähigen Samen verbreitet sich die Art schnell über den Luftweg. Während die Blüten im zeitigen Frühjahr dichte, gelbe Teppiche bilden können, erscheinen die Blätter erst Wochen später und wachsen bis in den Hochsommer aus. Die Blätter des Huflattichs weisen mit etwas Fantasie eine Hufeisenform auf, was der Pflanze ihren häufigsten deutschen Namen eingetragen hat. Sie sind nach

Blütenteppich des Huflattichs (*Tussilago farfara*) im zeitigen Frühjahr.

Blüten, Samenstände und Blätter des Huflattichs (*Tussilago farfara*);
links unten: Wollschweber (*Bombylius* spp.) nutzen die Blüten als eine ihrer ersten Nektarquellen.

dem Austrieb mit einer weißlichen, filzartigen Behaarung überzogen, die sich später ablöst oder sich einfach abreiben lässt.

Dem **Huflattich**, der als einziger die Gattung *Tussilago* bildet, sind in Bezug auf ihren Jahreszyklus die **Pestwurzen** (*Petasites*) am ähnlichsten. Auch ihre Blütenstände erscheinen im zeitigen Frühjahr, sind aber auf staunasse oder durchfeuchtete Böden angewiesen, wie sie in Städten eher selten anzutreffen sind. Entlang der Ufer von Gewässern in den Stadtparks oder an Flüssen finden wir am ehesten die **Gewöhnliche Pestwurz** (*P. hybridus*). Während die ebenfalls erst später im Jahr erscheinenden Blätter eine gewisse Ähnlichkeit mit dem Huflattich aufweisen, sind die Blüten der Pestwurzen aber aus vielen kleinen Blütenständen zusammengesetzt und aufgrund ihrer roten oder weißen Farbe kaum mit voriger Art zu verwechseln.

Skizzen: Blüten und Blatt des Huflattichs.

Ein kosmopolitisches Kraut

HIRTENTÄSCHEL

In der Stadt finden wir an Wegrändern, in ruderalen Wiesen oder gelegentlich in einer Pflasterfuge häufig die tief eingeschnittenen, in Rosetten gegliederten Blätter des Hirtentäschels. Bei mildem Wetter bildet es fast das ganze Jahr über Blüten. Seine an ein etwas aus der Mode gekommenes Accessoire erinnernden Früchte bildet es aber zumeist nur im wärmeren Halbjahr aus. Diese Fruchtbildung macht es für die Wissenschaft spannend, findet man an einer Pflanze doch oft alle Stadien der Entwicklung eines Embryos: von den unbefruchteten Eizellen in einem Fruchtknoten bis hin zu voll ausgereiften Samen. Das lässt sich in der Forschung nutzen. Daher wird die Art gerne in Laboren für allerlei Experimente nachgezüchtet. Gegenstand neuerer Forschung ist die Entdeckung karnivorer Züge beim Hirtentäschel. Es handelt sich nicht wirklich um eine fleischfressende Pflanze, das Hirtentäschel sondert allerdings rund um die Samen ein klebriges, für Insekten giftiges Sekret ab. Weil verendete Insekten Nährstoffe für das Keimen der nächsten Hirtentäschelgeneration bereithalten, spricht man von einer »präkarnivoren Pflanze«.

Den speziellen, etwas herzförmigen Schötchen, die in zwei Teilen um eine Trennwand gebildet werden, verdankt das Gewöhnliche Hirtentäschel seinen Namen, der auch im botanischen Artnamen *Capsella bursa-pastoris* abgebildet wird. Die Schötchen erinnern an traditionelle Umhängetaschen, wie sie Hirten getragen haben. Neben dem Hirtentäschel haben auch einige andere Arten der Familie den Namen Täschelkraut, etwa die Arten der Gattung

Hirtentäschelbestand (*Capsella bursa-pastoris*).

Thalspi, deren in Städten vertretene Arten jedoch zumeist erst später im Jahr erblühen.

Obschon das Hirtentäschel in unseren Breiten nur Kennern als Wildspeise bekannt ist, gelten die Blätter im Salat als Delikatesse. Im asiatischen Raum, in China, Japan und Korea, werden Hirtentäschel in speziellen Gerichten verwendet. Es findet auch als Wurzelgemüse und frittiert mit Reis in verschiedenen Speisen Verwendung. Auch in Nordamerika ist das Hirtentäschel als Gemüse bekannt, wobei die Pflanze ihren Weg dorthin erst bei der Kolonialisierung durch die Europäer gefunden hat. Heute zählt die ursprünglich europäisch-asiatische Art zu den am weitesten verbreiteten überhaupt und kommt von Grönland bis Feuerland, von Australien bis Alaska ziemlich überall dort vor, wo nicht tropischer Regenwald, Wüste oder das ewige Eis vorherrschen.

An besonders warmen Stellen finden wir in den Städten manchmal auch das **Rötliche Hirtentäschel** (*Capsella rubella*). Das Vorkommen dieser Art beschränkt sich auf gut besonnte, warme Orte. Es bleibt etwas niedriger und bildet oft rötliche Kron- und Kelchblätter aus. Seine Schötchen sind an der Seite etwas konkav und damit herzförmiger als jene des **Gewöhnlichen Hirtentäschels.**

Skizzen: Blüten- und Samenstand sowie Blatt des Hirtentäschels.

Links: Das Rötliche Hirtentäschel (*Capsella rubella*) bildet Fruchtstände mit konkaven Seiten und oft rötlichen Kronblättern.
Rechts: Blüten- und Samenstand sowie die Blattrosette von *Capsella bursa-pastoris*.

Überlebende aus der Urzeit

SCHACHTELHALM

Braun und ohne Chlorophyll schießen die urtümlichen Sporangienähren aus den noch kühlen Böden. Wir finden sie auf Wiesen, auf Gleisfeldern, an Wegrändern und nicht selten in den Beeten der Gärten. Die Schachtelhalme der Gattung *Equisetum* zählen zu den ältesten Pflanzengruppen. Sie waren schon im Devon vor 400 Millionen Jahren verbreitet, lange bevor die Dinosaurier auf der Erde weilten. Sie haben die Entwicklung der Wirbeltiere von den froschartigen Urlurchen über die Dinosaurier zu den Vögeln und Säugetieren begleitet. Manche Schachtelhalme wurden 30 Meter hoch und bildeten ganze Wälder; die heutigen Arten sind im Vergleich dazu Winzlinge. Zusammen mit Urfarnen und Bärlappgewächsen bildeten sie im Karbon und im Perm die Steinkohlewälder, ehemals sumpfige Wälder, die heute als Hauptlager der Steinkohle weltweit abgebaut und verbrannt werden. Schachtelhalme bilden ähnlich den Farnen Sporen und keine Samen; sie sind älter als alle Samenpflanzen.

Umso mehr mag es erstaunen, dass einige dieser letzten Arten ihrer botanischen Klasse selbst in urban geprägten Landschaften einen Platz gefunden haben. Zwischen Eisenbahngleisen und auf sandigen Böden finden wir manchmal den wärmeliebenden **Ästigen Schachtelhalm** (*E. ramosissimum*). Er sieht dem im urbanen Raum seltener vorkommenden **Bunten Schachtelhalm** (*E. variegatum*) ähnlich; beide tragen die Sporangienähren auf den grünen Stängeln. Diese zweite Art ist im Gegensatz zur ersten eher kälteliebend, sodass wir sie in den hohen Lagen der Alpen finden, aber sie wächst auch in der Innenstadt von Zürich.

Sporangienähren des Acker-Schachtelhalms (*Equisetum arvense*).

Links ein Sommerbild des Riesen-Schachtelhalms (*Equisetum telmateia*) in einem Industriegebiet, darunter der Bunte Schachtelhalm (*E. variegatum*); rechts die Sporangienähren des Acker- (*E. arvense*) und des Riesen-Schachtelhalms.

Einige Arten, darunter der häufige **Acker-Schachtelhalm** (*E. arvense*), blühen im zeitigen Frühjahr und bilden chlorophylllose Sporangienstände, die vor den grünen Sprossen erscheinen.

Der Acker-Schachtelhalm mit seinen kriechenden, bis zu 160 Zentimeter tief im Boden liegenden Ausläufern ist bei denen, die ihn nicht haben wollen, auch als hartnäckiges Unkraut bekannt. Schon kleine Stücke dieser Ausläufer, etwa durch einen Pflug mitgeschleppt, können zu neuen Beständen heranwachsen. Wer die Schachtelhalme aber zu nutzen weiß, ihre Geschichte und Stellung in der traditionellen Medizin kennt, wird sich auch an den im Garten wachsenden Schachtelhalmen erfreuen können.

Ähnlich dem Acker-Schachtelhalm kann auch der **Riesen-Schachtelhalm** (*E. telmateia*) in Ruderalflächen wachsen und bildet vor dem Erscheinen der Triebe chlorophylllose Sporangienähren. Er benötigt aber eine größere Bodenfeuchtigkeit und ist darum in Städten seltener anzutreffen.

Viele weitere Arten dieser Gattung benötigen ursprünglichere Habitate mit feuchten Böden und hoher Luftfeuchtigkeit. Sie sind in Wäldern und Mooren anzutreffen – Präferenzen, die sich schlecht mit dem städtischen Raum vereinbaren lassen.

Von der Straße ins Labor

SCHOTENKRESSE

Acker-Schmalwand oder Schotenkresse heißt dieses Pflänzchen, das an fast jedem Straßen- und Wegrand in Städten und Dörfern wächst. Diese Art hat in Laboren Geschichte geschrieben, wächst in der Natur aber so unauffällig, dass wir sie gerne übersehen. Der lateinische Gattungsname *Arabidopsis* weist auf die Ähnlichkeit zur Gattung *Arabis* hin, den Gänsekressen.

Mit einem relativ kleinen Genom von fünf Chromosomenpaaren und etwa 125 Megabasenpaaren war die Acker-Schmalwand die erste Art, deren Genom vollständig sequenziert wurde. Weil sie sich selbst bestäuben kann und auch im Labor einfach zu kultivieren ist, wurde sie zu einer der wichtigsten Pflanzen in der Forschung und wird regelmäßig für Experimente mit lebendigen Pflanzen herangezogen. So kann etwa getestet werden, wie sich eine Pflanze verhält, wenn sie bestimmten Nähr- und Giftstoffen oder Strahlungen ausgesetzt wird. Daneben ist sie besonders in der Genforschung wichtig. So hat man anhand von *Arabidopsis* molekulargenetische Grundlagen für bestimmte Pflanzenmerkmale gesucht. Es wurde zum Beispiel das Protein gefunden, das im Frühling bei zunehmendem Lichteinfall bei vielen Pflanzen die Blütenbildung auslöst. Auch konnten Wechselwirkungen zwischen den Pflanzen und gezielt eingesetzten Pathogenen, also Krankheitserregern, detailliert untersucht werden. Die Acker-Schmalwand dient dabei als Modellorganismus. Fast alles, was man an ihr herausfindet, gilt in abgewandelter Form auch für andere Pflanzenarten, die weniger einfach untersucht werden können, etwa weil ihre Entwicklung viele Jahre dauert, sie im

Schotenkresse (*Arabidopsis thaliana*) in einer Baumscheibe.

Labor nicht gut gedeihen oder sie ein komplizierteres Genom aufweisen. Selbst auf den Menschen kann bei der Untersuchung zellulärer Prozesse geschlossen werden, was beispielsweise für die Krebsforschung interessant ist.

Praktisch ist für diese Experimente, dass die ursprünglich europäisch-westasiatische Art heute fast weltweit in der gemäßigten Klimazone wächst. Als blinder Passagier ist sie mit dem Menschen um die Welt gereist und wächst so gut wie vor jedem Labor am Straßenrand – der perfekte, für alle zugängliche Modellorganismus. Für Laborexperimente ist es zudem günstig, dass die Samen dieser Art sehr langlebig sind. Heute können für Untersuchungen an der Acker-Schmalwand auch Samen bestimmter Sorten bestellt werden, um sicherzustellen, dass die Vergleichbarkeit der Resultate mit anderen Untersuchungen gegeben bleibt.

Skizzen: Schotenkresse.

Schotenkresse an verschiedenen Standorten in der Stadt.

Frisch auf den Teller

FRÜHLINGSSALATE

Dass sich im Frühling aus den frischen Sprossen und Blättern vieler Pflanzen Wildsalate herstellen lassen, ist Kräuterkundigen seit alter Zeit bekannt. Dass in der Stadt neben den zu diesem Zweck bekannten oft noch einige weitere Arten schmackhaften Salat ergeben, ist Inhalt dieses Kapitels. Obwohl in vielen urbanen Gebieten gesundheitsgefährdende Gifte aus der Landwirtschaft verboten sind, sollte man auch in der Stadt Pflanzen nicht einfach »von der Bordsteinkante« ernten: Die Anzahl Hunde, die den Boden hier düngen, ist genauso wie der Abfall auf unseren Straßen immens. Man sollte daher nur an geschützten Stellen Blätter und Blüten für den Verzehr einsammeln.

Der vielleicht bekannteste aller Frühlingssalate ist der Nüssler, Nüssli- oder **Feldsalat** aus der Gattung *Valerianella*. Verschiedene Arten der Gattung kommen in der Stadt relativ häufig in vernachlässigten Beeten, an Wegrändern oder auf Ruderalflächen vor. Noch vor der Blüte werden die feinen Blätter geerntet, besonders vom **Gewöhnlichen Feldsalat** (*V. locusta*). Ungefähr im Mai schießen die Pflänzchen hoch und bilden weiße oder bläuliche, kleine Blüten, die dem **Baldrian** (*Valeriana*) ähneln.

Eine aus dem nordamerikanischen Westen stammende Art, die derzeit immer häufiger auch auf europäischen Tellern landet, wird **Gewöhnliches Tellerkraut** (*Claytonia perfoliata*) oder Winterportulak genannt. Die grundständigen Blätter sind von auffällig rhombischer Form, und am Stängel bilden sich tellerartige Blätter, die denselben vollständig umschließen. Darüber bilden sich im zeitigen Frühling weiße, fünfstrahlige Blüten. Winterportulak

Wunder-Lauch (*Allium paradoxum*), dazwischen die breiten Blätter des Bärlauchs (*A. ursinum*).

findet man mit zunehmender Häufigkeit auf offenen Bodenstellen in Mitteleuropa, wo er sich allerdings oft nur kurze Zeit halten kann.

Ein weiterer, beliebter Blattsalat, der mit dichten Blattpolstern den Boden überzieht, ist *Ranunculus ficaria*, das **Scharbockskraut.** Es gehört zu den Hahnenfüßen, von denen viele Arten giftig sind, unterscheidet sich von diesen allerdings unter anderem durch seine acht- bis elf- anstelle der fünfstrahligen Blüten. Die Vitamin-C-reichen Blätter wurden ehemals gegen Skorbut (früher: Scharbock) eingenommen und sind auch heute noch eine einzigartige Bereicherung im Salat. Seine Brutknöllchen können ebenfalls gegessen werden. Man findet die Pflanze zumeist an schattigen Orten unter Bäumen oder im Hausschatten auf nährstoffreichen Böden. Man genießt sie am besten vor der Blüte.

Auch von der verbreiteten **Knoblauchsrauke** (*Alliaria petiolata*), eine auf ähnlichen Standorten verbreitete Art mit weißen Kreuzblüten, können die Blätter als Würzbeigabe für Salate geerntet werden. Die herben, etwas an Knoblauch erinnernden Blätter sind ebenso beliebt wie die im Herbst geernteten Samen, die als Gewürz genutzt werden.

Nur punktuell verbreitet ist der **Wunder-Lauch** (*Allium paradoxum*) aus Persien und dem Kaukasus, der in Mitteleuropa in Stadtwäldern und Parkanlagen eingebürgert wurde. Wie der **Bärlauch** (*A. ursinum*) bildet er an geeigneten Standorten dichte Bestände und kann wie dieser zu einer würzigen Speisezugabe oder zu Frühlingspesto verarbeitet werden. Seinem Auftreten in den Parks von Berlin hat er auch den Namen »Berliner Bärlauch« zu verdanken. Seine Blütenstände erscheinen wie beim Bärlauch etwas später im Jahr und bilden durch die einzigartige Anordnung der Brutknöllchen eine seltsame Erscheinung.

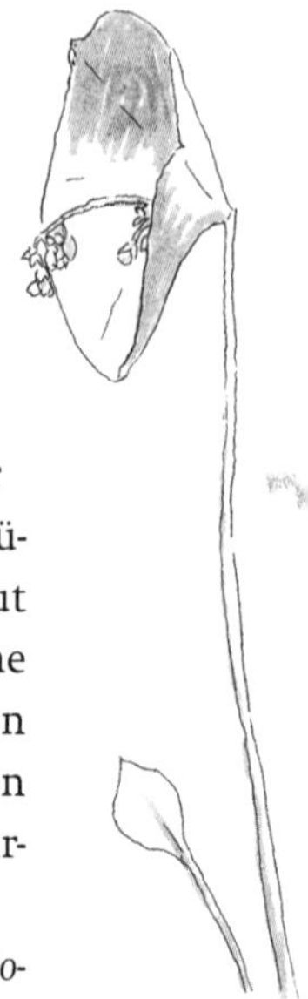

Skizze: Tellerkraut.

Links der Feldsalat (*Valerianella locusta*), darunter die Knoblauchsrauke (*Alliaria petiolata*); rechts das Tellerkraut (*Claytonia perfoliata*) und darunter das Scharbockskraut (*Ranunculus ficaria*).

Die Fracht der Ameisen

LERCHENSPORN

Lerchensporne sind – anders als ihre Namensgeber – keine typischen Stadtbewohner gewesen, jedenfalls die nördlich der Alpen heimischen Arten. Trotzdem finden wir in Mitteleuropa im städtischen Raum derweil die größte Artenvielfalt ihrer Gattung. Zeitlich befinden wir uns gerade im Übergang der Blütezeit von den früh- zu den spätblühenden Arten, die sehr unterschiedliche Habitate besiedeln.

Der eigentümliche Name dieser Pflanzen bezieht sich auf die lange, gespornte hintere Zehe, den »Sporn«, der Haubenlerche (*Galerida cristata*), einem Singvogel. Genauso gespornt sind auch die Blüten dieser Pflanzengattung. Die Haubenlerche war Anfang des 20. Jahrhunderts als Stadtvogel der Rangieranlagen und Industriebrachen ziemlich häufig. Vermutlich sind sie mit den Pferden und ihrem Mist aus den Städten verschwunden, denn sie ernähren sich von Insekten, die in diesen Exkrementen hausen. Auch sind in vielen Städten die großen Brachen wieder zugewachsen oder umgenutzt worden, die Lerchen als Brutstätten dienen. Heute ist diese Vogelart in weiten Teilen Mitteleuropas extrem selten geworden, im urbanen Raum trifft man sie nicht mehr an.

Der **Hohlknollige Lerchensporn** (*Corydalis cava*) ist ein verbreiteter Frühblüher im Unterwuchs mitteleuropäischer Buchenwälder. Die rotvioletten oder weißen Blüten erscheinen vor dem Laubaustrieb der Buche aus einer Knolle, in die sie sich schon vor dem Sommer wieder zurückziehen. Waldpflanzen sind keine typischen Stadtbewohner, und trotzdem finden wir sie verbreitet in schattigen Gärten und in Parkanlagen.

Festknolliger Lerchensporn (*Corydalis solida*), verwildert in Zürich.

Links der Gelbe Lerchensporn (*Corydalis lutea*) am Hornbach in Zürich;
rechts der Blassgelbe Lerchensporn (*C. alba*) und darunter der Hohlknollige Lerchensporn (*C. cava*).

Mit fast 300 Arten umfasst die Gattung gleich mehrere, die auch für die Bepflanzung von Gärten interessant sind. So erweiterten sich beispielsweise die Bestände des **Festknolligen Lerchensporns** (*C. solida*) vielerorts durch den Menschen. Wenn man ihre unterirdischen Speicherknollen nicht auf jene Höhle untersuchen kann, die der hohlknolligen Art den Namen verleiht, erkennt man den Festknolligen Lerchensporn am grazileren Wuchs und den zerteilten Tragblättern im Blütenstand.

Die weiteren Arten, die manchmal auch in die Gattung *Pseudofumaria* gestellt werden, sind keine Geophyten und tragen das Blattkleid oft ganzjährig. An Mauern ist der südalpine **Gelbe Lerchensporn** (*C. lutea*) bereits verbreitet in städtischen Habitaten zu finden, seine Blütezeit vom April bis in den späten Oktober oder November hat ihn als Gartenpflanze beliebt gemacht. Ähnlich sieht der aus dem Appenin stammende **Blassgelbe Lerchensporn** (*C. alba*) aus, den wir aber wesentlich seltener in den Städten finden können.

Verbreitet werden die meisten Lerchensporne durch Ameisen, die die Samen wegen ihres nahrhaften Anhängsels, dem Elaiosom, wegtragen. Das Vorkommen dieser Pflanzengattung ist also ein untrüglicher Hinweis auf Ameisenvorkommen in der Umgebung.

Skizzen: Samenkapseln und Samen mit Elaiosom des Hohlknolligen sowie Blütenstand des Festknolligen Lerchensporns.

Weltenbürger mit Gefolge

BLAUGLOCKEN- UND GÖTTERBAUM

In diesen Wochen blüht der Blauglockenbaum (*Paulownia tomentosa*). Gleichzeitig mit seinem späten Blattaustrieb erscheinen seine fingerhutähnlichen, violetten Blüten. Er wächst in Alleen und auf Plätzen, aber auch auf Schuttstellen, im Jungwuchs von Wäldern und selbst aus Belagsfugen.

Er stammt wie der Götterbaum (*Ailanthus altissima*) aus dem Osten Asiens und ist längst zum Symbol der globalen Stadtnatur geworden. Ob man in Zürich, London, Berlin, Washington, New York, Peking, Tokio, Seoul, Christchurch oder Sydney unterwegs ist – die Paulownie wird man dort überall antreffen. Für den Götterbaum gilt das sowieso, dazu könnte man auch Perth, Santiago de Chile, Buenos Aires, Kapstadt, Rom oder Johannisburg besuchen; seine Fiederblätter spreizt er auch in subtropischen und mediterranen Gassen, Straßengräben und Hinterhöfen der Sonne entgegen.

Keine Pflanze steht mehr für die Rückeroberung der Städte durch die Natur als diese schnell wachsenden Gehölze. Aus winzigen, flugfähigen Samen keimen sie in den feinsten Spalten, können aus jeder Ritze im Belag sprießen und mit meterlangen Trieben und exotischen Riesenblättern innerhalb weniger Jahre das Grau der Stadt in dunkles Grün tauchen. Der Vorliebe für ungenutzte und wenig gepflegte besiedelte Gebiete hat der Götterbaum auch den Namen »Ghetto Palm« zu verdanken. In mancher US-

Götterbaum (*Ailanthus altissima*) in einem Hinterhof in Leuven, Belgien.

Stadt ist der Götterbaum so häufig, dass die Kühlleistung dieser Baumart alle gepflanzten Bäume im städtischen Raum übertrifft.

Ursprünglich sind sie beide als Ziergehölze zu uns gekommen – und in die weite Welt verbreitet worden, schnellwüchsig, robust und stadtklimafest. Der Blauglockenbaum wurde nach seiner Ankunft in Europa im 19. Jahrhundert ein Symbol der Monarchen, des blauen Bluts. Seine blauviolette Blütenpracht machte ihn zur exotischen Bereicherung der Alleen und der Stadtparks. In Österreich wurde er »Kaiser-Paulownie« genannt, weil Kaiser Franz ihn einst als Lieblingsbaum in den Zentren seiner Macht pflanzen ließ. Im Englischen nennt man ihn in Erinnerung an Anna Pawlowna »Princess Tree«. Sie war die Tochter des russischen Zaren Paul I. und einstige Kronprinzessin und spätere Königin der Niederlande. Ihr hatte der japanreisende Forscher Philipp Franz von Siebold seinen Pflanzenfund »Paulownia« gewidmet, da er unter niederländischer Flagge in den abgeschotteten Inselstaat gereist war. Siebold führte die Pflanze aus Japan nach Europa ein. In Japan war die ursprünglich vom chinesischen Festland stammende Art schon länger in Kultur. 1934 schreibt der Botaniker Carl Schroeter über die Paulownien, dass sie in Zürich »nur in besonders warmen Sommern« blühen. Heute leuchten die blauvioletten Blüten jedes Jahr an den Bäumen. Die Klimaveränderung spielt für den Blauglockenbaum.

Auch der Götterbaum, im englischen Sprachraum »Tree of Heaven« genannt, stapelt mit seinen Namen nicht minder tief: Der Gattungsname *Ailanthus* steht für »Baum des Himmels«, *altissima* für »Höhe«. Es handelt sich also um einen Baum, der bis in den Himmel reicht. Seine gefiederten, an jungen Pflanzen meterlangen Blätter erinnern an Leitern und damit an die Verbindung ins Himmelreich.

Beide Arten sind enorm raschwüchsig und wecken – in manchen Regionen durchaus berechtigt – die Befürchtung, dass sie die heimische Vegetation verdrängen könnten. Auch den Asphalt brechen sie auf und wachsen in Spalten von Mauern, bis sich Risse bilden. In diese Risse gelangen sie über den Wind verbreitet mit ihren kleinen, geflügelten Samen. Damit sind sie bestens daran angepasst, an Orten zu keimen, an denen sonst nur selten Gehölze wachsen können – denn wie sollte eine Hasel-, Walnuss oder Eichel in die feinen Spalten im Belag gelangen?

Mit seiner Raschwüchsigkeit führt der Blauglockenbaum sogar die Liste der am schnellsten wachsenden Gehölze im moderaten Klima an. Dies ist mancher Staudengärtnerin eine Freude, der sie bei bodennahem Rückschnitt jedes Jahr neue, riesenhaft beblätterte Triebe in den Garten zaubert. Der Jahreszuwachs kann dabei mehr als zwei Meter betragen, und die Blätter dieser Jungtriebe bilden mit eine Blattspreite von über 90 Zentimetern ein einzigartig exotisches Pflanzenbild.

Diese Eigenschaften sind in der Holz- und der Energieindustrie nicht weniger beliebt. Mit kaum einer anderen Pflanze kann als Plantagenbaum in Monokulturen in so kurzer Zeit mehr Biomasse generiert werden. Für diesen schnellen Zuwachs ist das Holz erstaunlich stabil, leicht und feuerfest und damit nicht nur als Verpackungsmaterial, sondern längst auch als Möbelholz im Einsatz. Gerne wird auch die schnelle Bindung von Kohlenstoff in Form von Kohlendioxid dieser schnellwüchsigen Art angepriesen. Dieser Prozess ist aber nur von Bedeutung, wenn die Biomasse konserviert wird und das Kohlendioxid nicht durch Verbrennungs- oder Zersetzungsprozesse bedingt schnell wieder in die Atmosphäre entweicht. Auch der

Herbarbeleg: Blatt eines Götterbaums (*Ailanthus altissima*; verkleinert).

Blauglockenbaum (*Paulownia tomentosa*), Fruchthälften mit Samen.

Götterbaum hat ein qualitativ hochwertiges Holz von ausgezeichneter Festigkeit, wird aber bislang forstwirtschaftlich noch wenig genutzt. Wichtiger ist inzwischen der regional produzierte Honig, der im Juni in den Bienenstöcken neben Götterbaumbeständen entsteht – er hat eine ausgezeichnet würzige Qualität.

Sowohl der Kaiser- als auch der Götterbaum sind allerdings in Bezug auf ihre Schattenverträglichkeit und längerfristige Konkurrenzkraft in natürlicheren Ökosystemen eingeschränkt. Als Lichtbaumarten können sie in wärmebegünstigten Schlagflächen im Wald zwar aufkommen, das zeigt sich in siedlungsnahen, südalpinen Wäldern des Tessin. Im natürlichen Zyklus der Waldsukzession sind sie gegenüber Schattenbaumarten aber nur kurze Zeit dominant. Noch sind sie nördlich der Alpen klimatisch bedingt auf die Wärmeinseln der Städte angewiesen und wachsen nur regional im wenig versiegelten Umland, beispielsweise entlang von Zugstrecken und großen Autobahnen. An wärmeren Standorten können sich die Arten besser etablieren.

Beide Gehölze »bezahlen« ihre Raschwüchsigkeit mit einer kurzen Lebensspanne. Der Götterbaum wird nur etwa 50 Jahre alt. Zum Vergleich: Die Lebenserwartung der langsam wachsenden Linde liegt ungefähr 20 Mal höher. Darum stehen die Chancen für diese Baumart doppelt schlecht, in den Wäldern längerfristig dominant zu werden. Trotzdem können sie an stark gestörten Waldstandorten durch ihre kurzfristige Dominanz mit Pionierarten konkurrieren oder Säume verbuschen.

Mit dem Götterbaum hat auch der Ailanthus-Spinner (*Samia cynthia*), heute eine der größten Nachtfalterarten Europas, seine Reise um die Welt angetreten. Er stammt aus dem Ursprungsgebiet des Götterbaums, lebt aber heute auch in vielen europäischen Städten und in ihren Randbereichen. In Paris, im Elsass, in Wien sowie im Süden der Schweiz ist er bereits verbreitet. Die Nachtfalterart aus der Familie der Pfauenspinner wurde auch als Seidenproduzent

Samen des Götterbaums (*Ailanthus altissima*).

Links Schösslinge des Götterbaums (*Ailanthus altissima*) sowie eines Blauglockenbaums (*Paulownia tomentosa*); rechts die Blüte des Blauglockenbaums, darunter ein gepflanzter Götterbaum mit einzigartiger (aber untypischer) Rindentextur in der Innenstadt von Zürich.

genutzt. Die Kokons, in denen sich die Raupen zu Faltern verpuppen, sind aus feinsten Seidenfäden gesponnen. Weil die Seide des Echten Seidenspinners von besserer Qualität ist, hat sich die Kultur aber bei uns nie durchgesetzt.

Vielleicht ließe sich das Problem dieser mancherorts invasiven Pflanzenart mit Mehrgewinn lösen, wenn man die Pflanze eher als Ressource denn als Bedrohung auffassen würde, ihre Widerstandskraft auch bewunderte, statt sie nur zu fürchten.

Skizze: Frucht der Paulownie.

Sie haben sich vom Acker gemacht

ACKERWILDKRÄUTER

Dem botanischen Artnamen *arvensis* ist zu entnehmen, wo die Botaniker die hier vorgestellten Pflanzenarten vor einigen Jahrhunderten vorwiegend gefunden haben: auf den Äckern ihrer Zeit. Darum wurden sie nach ihrem Lebensraum benannt. Heute bieten die Äcker nicht mehr denselben Lebensraum wie früher. Unkrautvernichter, Saatgutreinigung, der Rückgang von Winterkulturen und maschinelle Anbaumethoden ließen die Ackerbegleitflora selten werden. Manche Arten dieser auch »Segetalflora« genannten Gruppe haben den Sprung in die urbane Welt geschafft. Ihre Blütezeit reicht zumeist vom Frühling bis in den frühen Sommer; mit der Ernte des Getreides müssen auch ihre Samen reif sein.

Als typisches Beispiel der Ausweitung der primären Habitatform gilt die **Ackerröte** (*Sherardia arvensis*), eine Art, die sich gerade in den gut durchgrünten Stadtgebieten im Frühsommer äußerst häufig zeigt. Wir finden die feinen, rosafarbenen Blüten heute auf alten, etwas lückigen Rasenflächen, aber auch auf Baubrachen und an Straßenrändern. Dabei ist die Art erstaunlich gut an ihre neuen Lebensräume angepasst: Auf oft gemähtem Rasen wächst sie kaum fünf Zentimeter hoch. Wo man sie lässt, bildet sie lange, niederliegende Triebe.

Auch der **Gewöhnliche Ackerfrauenmantel** (*Aphanes arvensis*) ist eine solche einjährige Art, die heute zwischen Rasengittersteinen und in ausgetretenen Rasen eine zweite Heimat gefunden hat. Auf Kiesplätzen und an Wegrändern begegnet uns das unauffäl-

Skizze: Ackerfrauenmantel (*Aphanes arvensis*).
Linke Seite: Ackerröte (*Sherardia arvensis*).

lige Pflänzchen manchmal zusammen mit den roten Blüten des **Acker-Gauchheil** (*Anagallis arvensis*) oder dem **Feld-Steinquendel** (*Acinos arvensis*) heute häufiger als in den Äckern, in denen es in den letzten hundert Jahren fast ausschließlich gewachsen ist.

Viele weitere ehemalige Ackerpflanzen, die heute im urbanen Raum verbreitet sind, kommen mit Saatmischungen in die Städte. Darum finden wir auch extrem seltene Raritäten, die in ihrem früheren Verbreitungsgebiet in Mitteleuropa fast verschwunden sind. Manche kommen erst im Frühsommer richtig zur Blüte. Zu ihnen gehören der **Gewöhnliche Feldrittersporn** (*Consolida regalis*) und der ursprünglich auch als Zierpflanze kultivierte **Garten-Feldrittersporn** (*C. ajacis*). Auch **Acker-Schwarzkümmel** (*Nigella arvensis*), **Einjährigen Ziest** (*Stachys annua*), **Saat-Leindotter** (*Camelina sativa*) und seltene Doldenblütler wie den **Venuskamm** (*Scandix pecten-veneris*), die **Strahlen-Breitsame** (*Orlaya grandiflora*) und das **Rundblättrige Hasenohr** (*Bupleurum rotundifolium*) finden wir als Wildpflanzen in den Städten. Nicht selten sind solche Raritäten aber im urbanen Raum ausgesät worden, halten sich dann einige Jahre – und verschwinden manchmal mit der Zeit wieder.

Auch andere, in eigenen Kapiteln besprochene Arten hatten ihren Lebensraum lange in den Ackergebieten, beispielsweise verschiedene Mohnarten (S. 171 ff.), Gänsefüße (S. 271 ff.), Acker-Stiefmütterchen (S. 114 f.) oder einige Kleearten (S. 155 ff.).

Herbarbelege: Gewöhnlicher Feld-Rittersporn und Ackerröte.

Links oben der Acker-Gauchheil (*Anagallis arvensis*), ein Primelgewächs, darunter der Ackerfrauenmantel (*Aphanes arvensis*); rechts die Ackerröte (*Sherardia arvensis*) und darunter der Feld-Steinquendel (*Acinos arvensis*).

Durch Einsaat häufiger im Stadtgebiet: links Feldrittersporne (hier *Consolida ajacis*), darunter die Kornblume (*Centaurea cyanus*); rechts der Einjährige Ziest (*Stachys annua*) und darunter die Fruchtstände des Venuskamms (*Scandix pecten-veneris*).

Links das Rundblättrige Hasenohr (*Bupleurum rotundifolium*), darunter der Strahlen-Breitsame (*Orlaya grandiflora*); rechts der Acker-Schwarzkümmel (*Nigella arvensis*), darunter der Saat-Leindotter (*Camelina sativa*).

Aller guten Dinge sind drei

KLEEVIELFALT

Schon der botanische Gattungsname *Trifolium* für dreiblättrig macht klar, was beim Klee die Regel ist: Wir erkennen diese Arten an den dreiteiligen Blättern. Entsprechend selten finden wir die abnormen vier- und mehrblättrigen Kleeblätter, die darum als Glücksbringer gelten. Dabei gehört nicht jede Art, die umgangssprachlich Klee genannt wird, zur Gattung *Trifolium*. **Honigklee, Wundklee, Schabzigerklee** und **Schneckenklee** haben alle dreiteilige Kleeblätter, sind botanisch nah verwandt, gehören aber einer eigenen Gattung an. Weil Kleearten so vielfältig sind, kann dieses Kapitel nur einen kleinen Einblick in die Kleevielfalt der Stadt zeigen.

Zu den ersten Kleearten im Jahr, derzeit schon am Ende der Blütezeit, zählt der gelb blühende **Echte Wundklee** (*Anthyllis vulneraria*). Er wächst auf Ruderalflächen, an kiesigen Wegen oder entlang der Bahngleise. Sehr häufig an ähnlichen Standorten blühen bald der **Weiße** und der **Echte Honigklee** (*Melilotus albus* und *M. officinalis*) auf: feine, hochschießende Pflanzen, die dichte Bestände bilden können und darum in der Pflanzensoziologie namensgebend für die sogenannte Steinkleeflur wurden.

Auf etwas saureren, frisch umgebrochenen Böden finden wir auch den Feld- oder **Hasen-Klee** (*Trifolium arvense*), dessen Blütenstände an feine Fellbäusche erinnern. In Städten kenne ich sie von wenigen Standorten, auf begrünten Flachdächern können sie aber dichte Bestände bilden und sich von dort aus versamen.

In den Wiesen und auf Baumscheiben kann man den häufigen **Rot-Klee** (*T. pratense*) und noch viel verbreiteter den kriechenden, oft bodendeckenden **Weiß-Klee** (*T. repens*) antreffen. Diese Art

Der seltene Erdbeer-Klee (*Trifolium fragiferum*) auf einer Rasenfläche in Zürich.

Häufig eingesäte Kleearten: links der Schweden-Klee (*Trifolium hybridum*) und darunter der Alexandriner-Klee (*T. alexandrinum*); rechts der Hohlstängelige Klee (*T. suaveolens*) und darunter der Inkarnat-Klee (*T. incarnatum*).

ist selbst in tief geschorenen Rasen oder in Pflasterfugen regelmäßig zu finden. Ab Juni können wir auf wechselfeuchten oder bewässerten Rasenflächen auch den vielerorts seltenen **Erdbeer-Klee** (*T. fragiferum*) beobachten, der sich durch seine aufgeblähten, etwas an Erdbeeren erinnernden Fruchtständen gut von voriger Art unterscheiden lässt.

In den Städten finden wir aber auch viele angesäte Kleearten, die aus Samenmischungen stammen und zur schnellen Begrünung und zum Stickstoffaufbau dienen, wie er durch diese Hülsenfrüchtler mit Knöllchenbakterien betrieben wird. Dazu zählen etwa der **Schweden-Klee** (*T. hybridum*), der **Hohlstängelige Klee** (*T. suaveolens*), aber auch der **Alexandriner-Klee** (*T. alexandrinum*) oder zierende Arten wie der leuchtend rote **Inkarnat-Klee** (*T. incarnatum*).

Zur Gründüngung und als Viehfutter ist auch die **Echte Luzerne** (*Medicago sativa*) zu uns gekommen, die mit ihren intensiv violetten Blüten ein einzigartiges Farbenspiel erzeugt. Durch die Hybridisierung mit dem selteneren gelben **Sichel-Schneckenklee** (*Medicago falcata*) haben die Blüten manchmal blaugrüne Farbverläufe. Blaue Blüten sind unter den Kleearten selten, und so ist der **Schabzigerklee** (*Trigonella caerulea*), der als Gewürz im Schabziger (einer Glarner Käsespezialität) bekannt ist, eine auffällige Rarität. Er wächst etwa verwildert an einigen wenigen Stellen in der Stadt Zürich.

Skizzen: Erdbeer-Klee und Weiß-Klee.

Links der Hasen-Klee (*Trifolium arvense*) und darunter der Erdbeer-Klee (*T. fragiferum*);
rechts der Echte Wundklee (*Anthyllis vulneraria*) und darunter der Weiße Honigklee (*Melilotus albus*).

Links die Echte Luzerne (*Medicago sativa*) und darunter der Hopfenklee (*M. lupulina*); rechts der Acker-Klee (*Trifolium campestre*) und der Schabzigerklee (*Trigonella caerulea*).

Unauffällige Vielfalt

FRÜHLINGSGRÄSER

Süßgräser (Poaceae) sind mit Abstand die artenreichste Familie der Pflanzen in Städten. Das haben unabhängige Untersuchungen von Stadtfloren mehrerer Kontinente ergeben. Für Laien sind sie nicht einfach zu unterscheiden, fehlen den windbestäubten Gräsern doch für uns wichtige Merkmale wie eine auffällige Blütenfarbe und deren Duft, mit denen andere Pflanzen ihre Bestäuber anlocken. Darum sind die Kapitel der Gräser kurz gehalten und umfassen zum einen typische städtische Frühlings-, zum anderen typische Spätsommergräser (S. 235 ff.).

Die **Dach-Trespe** (*Bromus tectorum*) ist eine solche Art, die in Mitteleuropa oft nur im direkten Umfeld von Bahnanlagen, auf Rangierbahnhöfen oder in der Innenstadt, umgeben von versiegelten Flächen, in warmen, sonnigen Lagen vorkommt. Die Trespenart kommt in Südeuropa oder im inneralpinen Wallis auch in Felsensteppen und weit weg der Besiedlung vor; vielerorts ist sie aber auf künstliche Felslandschaften angewiesen. Die Dach-Trespe sieht mit ihren überhängenden Blütenständen der häufigen und etwas größeren **Tauben-Trespe** (*B. sterilis*) sehr ähnlich, die aber auch außerhalb der Städte weit verbreitet ist.

Die **Mäuse-Gerste** (*Hordeum murinum*) ist eine niedrige Gerstenart, die kleine, für den Anbau ungeeignete Samen produziert. Sie bildet charakteristisch dichte Bestände in den Städten und ist außerhalb kaum anzutreffen. Gerade in Baumscheiben und auf Brachen ist diese Grasart im späten Frühling oft derart dominant, dass sie quadratmeterweise in Reinbeständen vorkommt.

Bestand der Dach-Trespe (*Bromus tectorum*) in einer Baumscheibe, Zürich.

Links das Samtgras (*Lagurus ovatus*), darunter ein Mäuse-Gersten-Bestand (*Hordeum murinum*) und rechts Zusammengedrücktes Rispengras (*Poa compressa*).

Das **Samtgras** (*Lagurus ovatus*) ist in Trockensträußen und mit Samenmischungen aus dem Mittelmeerraum zu uns gekommen. Heute finden wir es regelmäßig in Städten, in denen die samtigen Blütenköpfchen meistens nur kurzfristig kleine Bestände in Baumscheiben, an Straßenrändern oder auf Kiesflächen bilden.

Poa compressa, das **Zusammengedrückte Rispengras** oder die Platthalmrispe, stammt aus einer Gattung, deren Arten sich alle ziemlich ähnlich sehen. Rispengräser sind nicht einfach zu unterscheiden. Eine Ausnahme bietet aber diese Art, die in besiedelten Gebieten entlang der Straßen, an Bahntrassen oder in Ritzen von Belägen besonders verbreitet wächst. Ihr botanischer Name verrät, woran sie zu erkennen ist: Der Stängel des Blütenstands ist flach zusammengedrückt. Dreht man die Halme zwischen den Fingern, fällt das sofort auf. Etwas ähnlich sieht ihr auch das wärmeliebende **Steifgras** (*Catapodium rigidum*), eine weitere Charakterart der Stadt mit niedrigem, einzigartig geometrischem Wuchs.

Skizze und Herbarbelege von Mäuse-Gerste, Samtgras und Zusammengedrücktem Rispengras.

Bestand mit Steifgras (*Catapodium rigidum*), ein typisches Stadtgras, hier in Zürichs Stadtteil Wiedikon.

Steifgras (*Catapodium rigidum*).

Sie geben Salat die Würze

SAUERKLEE

Oxalis nennen Botaniker die Gattung des Sauerklees, die wir regelmäßig in den Städten finden können. Wenn man die über 700 Sauerkleearten weltweit betrachtet, ist die Artenvielfalt in unseren Städten allerdings recht klein. In natürlichen Habitaten finden wir in Mitteleuropa nur eine einzige Art: den **Wald-Sauerklee** (*O. acetosella*). Er ist in Wäldern, meist auf bodensauren Standorten, bis in hohe Lagen der Alpen verbreitet. Regional konnte er sich in Forsten tieferer Lagen weiter ausbreiten, da seine Vorkommen mit der Dunkelheit und der Bodenversauerung durch angepflanzte Fichtenkulturen gefördert worden sind. Im Gegensatz zu den anderen hier vorgestellten Arten hat er weiße, oft nickende Blüten mit feiner violetter Zeichnung. In Städten ist diese Art selten und fehlt vielerorts, die typischen Stadthabitate sind für ihn viel zu trocken und zu exponiert.

Wie ihr botanischer Name vermuten lässt, enthalten Sauerkleearten Oxalsäure. Das ist eine in höherer Dosis giftige Säure, die in kleiner Menge jedoch als pikante Würze für Speisen dienen kann. Die herzförmigen Teilblätter geben ganz beiläufig auch eine hervorragende Dekoration ab. Wer noch nie *Oxalis*-Blätter im Salat getestet hat, kennt den Geschmack der Oxalsäure von Rhabarber oder Mangold.

Die städtischen Arten sind wärmeliebend, blühen später im Jahr und kommen besser mit Trockenheit und kalkreichem Substrat zurecht. Sie stammen ursprünglich aus wärmeren Regionen. Der **Gehörnte Sauerklee** (*O. corniculata*), dessen Ursprungsregion wohl der Mittelmeerraum ist, kommt in Mitteleuropa schon seit

Gehörnter Sauerklee (*Oxalis corniculata*).

vielen Hundert Jahren vor und besiedelt als kurzlebige Pflanze überwiegend Pflasterfugen, Wegränder und Beete. Aufgrund seiner oft purpurfarbenen, dreiteiligen Blätter mit herzförmigen Teilblättern und den goldgelben Blüten wird er als Fugenpflanze gerne toleriert.

Zwei ähnliche, aber aus Nordamerika stammende Arten sind der **Aufrechte Sauerklee** (*O. stricta*) und der **Dillenius-Sauerklee** (*O. dillenii*), die einen weniger kriechenden Wuchs aufweisen und frischgrüne Blätter tragen. Als Begleitkraut in Beeten, in Blumentöpfen oder an Wegrändern können sie mit Rhizomen den Winter überdauern. Einzigartig für die Sauerkleearten ist ihr Verbreitungsmechanismus. Aus den hornartigen Fruchtständen werden bei Reife die kleinen Samen mit großer Wucht herausgeschleudert, durch die die Pflanzen an neue Standorte gelangen.

Weitere, seltene Sauerkleearten sind die pink blühenden Arten **Doldentraubiger Sauerklee** (*O. debilis*) und **Garten-Sauerklee** (*O. articulata*), die beide aus Südamerika stammen. Die als Zierpflanzen eingeführten Arten sind gelegentlich an Straßenrändern, unter Hecken oder in verwilderten Gärten anzutreffen. Sie brauchen relativ warme Winter und verbringen diese in Knollen im Erdreich.

Daneben werden noch verschiedene andere Sauerkleearten in den Gärten angepflanzt. Viele sind nicht vollständig winterhart und müssen frostfrei überwintert werden. Dazu zählt etwa der **Glücksklee** (*O. tetraphylla*) mit vierteiligen Blättern. Auch *O. regnellii*, eine Art mit auffällig dunkelvioletten, dreieckigen Teilblättern, ist als Zierpflanze beliebt. Der **Knollige Sauerklee** (Yam bzw. Oka, *O. tuberosa*) findet zudem in der mittel- und südamerikanischen Küche als Wurzelspeise Verwendung.

Skizze: Aufrechter Sauerklee (*Oxalis stricta*).

Oben links der Dillenius-Sauerklee (*Oxalis dillenii*) und rechts der Wald-Sauerklee (*O. acetosella*); unten links der Aufrechte Sauerklee (*O. stricta*) und rechts der Doldentraubige Sauerklee (*O. debilis*).

Medizin und Rauschmittel

MOHNBLÜTEN

Aus den meisten Feldern ist er schon lange verschwunden, der **Klatschmohn** (*Papaver rhoeas*), der einst im Frühsommer die reifenden Getreidelandschaften rot färbte. Geblieben sind nur eine vage Erinnerung und die Gemälde der Impressionisten, sodass die verträumte Landschaft ferner Vergangenheit heute fast nur noch im Museum besichtigt werden kann. Doch die Pflanzen, die einst diese Landschaften zum Blühen brachten, sind fast alle noch da – wenngleich nur in weit kleinerer Zahl und unauffällig verstreut. Auf dem Land sind sie, meist durch Förderungsprojekte angesät, da und dort wieder zu sehen.

In den Städten finden wir auf den Brachen, auf ungepflegten, umgebrochenen Stellen und an Wegrändern regelmäßig Mohnarten. Besonders den Klatschmohn finden wir häufig, manchmal auch **Saat-Mohn** (*P. dubium*). Beide blühen rot. Besonders der Klatschmohn weist oft einen schwarzen Fleck an der Basis der vier Kronblätter auf. Sie mögen auf den ersten Blick nicht einfach zu unterscheiden sein, betrachtet man nicht ihre unterschiedlich aufgebauten Kapselfrüchte. Die Kapseln des Klatschmohns sind stark gewölbt und mit etwa zehn Narbenästen ausgestattet, jene des Saat-Mohns lang gezogen mit vier bis acht Narbenästen. Und an den Kapseln können wir auch die anderen vorkommenden Arten ganz hervorragend unterscheiden.

Der kleine, äußerst seltene **Sand-Mohn** (*P. argemone*) etwa hat behaarte Kapseln mit nur vier oder fünf Narbenästen. Der Schlafmohn bildet oft riesige, kugelig aufgeblähte Kapseln mit einem Durchmesser von mehreren Zentimetern. Der gelbe **Kambrische**

Schlaf-Mohn (*Papaver somniferum*) am Straßenrand in Zürich.

Links oben die Samenkapseln des Klatsch- (*Papaver rhoeas;* links) und des Saat-Mohns (*P. dubium;* rechts); rechts die behaarte Samenkapsel des Sand-Mohns (*P. argemone*); in der Mitte die kugelige Samenkapsel des Schlafmohns (*P. somniferum*); unten links und rechts der Kalifornische Goldmohn (*Eschscholzia californica*) mit seinen schotenartigen Früchten.

Scheinmohn (*Meconopsis cambrica*) hat an der Spitze eingeschnürte Kapseln. Der orange **Kalifornische Goldmohn** (*Eschscholzia californica*) bildet lange, seitlich aufspringende Schoten.

Von den erwähnten Arten sind nur der Saat-, der Klatsch- und der Sand-Mohn traditionelle Ackerbeikräuter. Sie sind vermutlich alle erst mit dem Getreide der Ackerbauern nach Mitteleuropa gekommen. Die anderen Arten wurden als Zier- oder Nutzpflanzen importiert.

Der **Schlafmohn** (*P. somniferum*), aus dessen Kapseln Rohopium gewonnen wird, war wohl eine der ersten Medizinalpflanzen des Menschen. Seine Samen sind in unzähligen archäologischen Fundstädten verschiedenster Epochen gefunden worden – ein Hinweis, wie wichtig dieses hochwirksame Schmerzmittel war. Längst ist die Pflanze in Verruf geraten und ihr Anbau in manchen Ländern – darunter Deutschland – verboten. Opium wird aus dem eingetrockneten Pflanzensaft hergestellt und kann zu Heroin weiterverarbeitet werden. Als starke Droge konsumiert, aber auch als Anlass zu mehreren Kriegen, hat es bereits viele Menschenleben gekostet.

Daneben stammen die Mohnsamen auf Mohnbrötchen oder im Gebäck von dieser Art. Im deutschsprachigen Raum wird der Schlaf-Mohn insbesondere in Österreich im großen Stil angebaut. Der Schlaf-Mohn blüht in verschiedenen Farben. Wir finden Kultursorten mit rosa, violetten, roten oder weißen Blüten dieser seit Urzeiten angebauten Art. Viele der Bestände, die in Zürich in den letzten 50 Jahren immer wieder entstanden sind, gehen auf Ansaaten zurück.

Der **Kalifornische Goldmohn**, dessen reiche Wildvorkommen im Antelope Valley jährlich zur Blütezeit von Tausenden Influencern für das beste Selfie zertrampelt werden, wurde einst von Adalbert von Chamisso erstbeschrieben. Der Naturforscher und Autor, der mit seinem Märchen »Peter Schlemihls wundersame Geschichte« bis heute zur Pflichtlektüre vieler Schulen gehört, hat ihn auf seiner Kamtschatka-Reise im Hafen von San Francisco entdeckt und nach dem Bordmediziner Johann Friedrich von Eschscholtz benannt. Heute findet man ihn in besiedelten Gebie-

Links der Schlafmohn (*Papaver somniferum*) und darunter der gelbe Kambrische Scheinmohn (*Meconopsis cambrica*); rechts der Klatschmohn (*P. rhoeas*) und darunter ein Standort mit Sand-Mohn (*P. argemone*).

ten Mitteleuropas an warmen Standorten, auch wenn sich die Art ohne regelmäßiges Ansäen oft nicht lange halten kann.

Ebenfalls als Zierpflanze eingeführt wurde der schattenliebende, gelbe **Kambrische Scheinmohn** (*M. cambrica*), eine Pflanzenart, die in Westeuropa beheimatet ist und schon seit 400 Jahren als Gartenpflanze kultiviert wird. Er ist an schattigen Mauern, in verwilderten Gärten, meist in Wohngebieten mit größerem Baumbestand und luftfeuchten Ecken verbreitet und gilt im Gartenbau als zuverlässiger Schattenblüher.

Herbarbelege: Goldmohn und Schlafmohn.

Trittfugen-Nelken

BRUCH- UND NAGELKRAUT

Diesen recht unscheinbaren Pflanzen, die in den Trittfugen zwischen Pflastersteinen, auf Plätzen, auf Wegen, an Straßenrändern und an Bordsteinen wachsen, schenken wir im Alltag kaum Beachtung. Die hier vorgestellten Gattungen und Arten gehören zu den Nelkengewächsen, einer Pflanzenfamilie, die allgemein mehr wegen ihrer leuchtend roten oder rosa Blüten in Rabatten- oder Magerwiesen bekannt ist. Entsprechend selten hört man die Namen dieser unauffälligen Fugenbewohner: **Mastkraut, Bruchkraut, Sandkraut** und **Nagelkraut.**

Von den Bruchkräutern finden wir zwei Arten in den Städten regelmäßig, die sich nur in Bezug auf die Behaarung ihrer winzigen Blätter und Triebe wesentlich unterscheiden. Das **Kahle Bruchkraut** (*Herniaria glabra*) ist eine außerhalb der Städte vielerorts seltene Art in Mitteleuropa. Es besiedelt trockenwarme, steinig-felsige Habitate. Ich kenne es von den Kiesbänken der Rhone im Wallis; in der gleißend heißen Sonne wächst es in den inneralpinen Felsensteppen. Hier leben nur Arten, die mit Trockenheit, Hitze und starker Verdunstung äußerst gut zurechtkommen. Das hat findige Gärtnerinnen dazu gebracht, diese Art als rasenartigen Bodendecker für besonders exponierte Standorte zu verwenden.

Das **Behaarte Bruchkraut** (*H. hirsuta*) ist dicht weißlich behaart und weit seltener als sein kahler Gattungsgenosse anzutreffen.

Auf den ersten Blick ähnlich ist das **Vierblättrige Nagelkraut** (*Polycarpon tetraphyllum*). Es stammt aus dem mediterranen Raum

Behaartes Bruchkraut (*Herniaria hirsuta*) an einem Straßenrand in Zürich.

und breitet sich in vielen besiedelten Gebieten Mitteleuropas erst seit Kurzem in den Altstädten und an Straßenrändern aus.

Schon viel länger bei uns sind die verschiedenen Arten der Mastkräuter, von denen insbesondere das **Niederliegende Mastkraut** (*Sagina procumbens*) in schattigen oder nicht allzu trockenen Fugen von Natursteinpflastern vorkommt. Wie die vorigen Nelkengewächse ist es äußerst widerstandsfähig gegenüber mechanischer Beanspruchung. An trockeneren Orten finden wir die weißen Blüten des zierlichen **Quendel-Sandkrauts** (*Arenaria serpyllifolia*), das aus einer Gattung mit vielen hochalpinen Arten stammt, die dort ebenfalls in felsigen Habitaten wachsen.

Alle diese Arten sind darauf angewiesen, dass Pflaster nicht vollständig abgebrannt, versiegelt oder mit Pestiziden von Bewuchs freigehalten werden. Das wird in Städten sehr unterschiedlich gehandhabt.

Skizze: Behaartes Bruchkraut.
Herbarbelege: Kahles Bruch- und Mastkraut.

Links das Vierblättrige Nagelkraut (*Polycarpon tetraphyllum*), darunter die Blüte des Behaarten Bruchkrauts (*Herniaria hirsuta*), beide in Zürich; rechts (v. o. n. u.) das Niederliegende Mastkraut (*Sagina procumbens*), das Kahle Bruchkraut (*Herniaria glabra*) in Schaffhausen und die Blüte des Quendel-Sandkrauts (*Arenaria serpyllifolia*).

Blaues Wunder

GLOCKENBLUMEN

Wenn es um Glockenblumen geht, ist das »blaue Wunder« durchweg positiv gemeint – welch Wunder, wie diese filigranen Pflanzen selbst aus kleinsten Ritzen farbenfrohe Blütenteppiche in die Straßen zaubern. Denn auch von der Gattung *Campanula*, den Glockenblumen, finden wir in Städten ein besonders reichhaltiges Spektrum: kriechende, stramm aufrechte, wenige Zentimeter kleine und so hoch gewachsene, dass wir aufschauen müssen, um ihre Blütenpracht zu bewundern. Während sich viele heimische Glockenblumenarten an Waldrändern, in Wiesen und in Hochstaudenfluren am wohlsten fühlen, wird die Artenvielfalt in der Stadt besonders durch Arten ergänzt, die an trockenen, steinigen Orten ihren natürlichen Lebensraum finden.

Campanula rotundifolia, die **Rundblättrige Glockenblume**, eine niedrigwüchsige Art aus trockenen Magerwiesen, kommt unter den heimischen Arten mit ihren Ansprüchen den städtischen Bedingungen oft am nächsten. Man findet sie in Mauerfugen, aber auch an Straßenrändern hin und wieder.

In gut durchgrünten Wohngebieten sind die **Acker-Glockenblume** (*C. rapunculoides*) und die **Nesselblättrige Glockenblume** (*C. trachelium*) verbreitet.

Die **Knäuel-Glockenblume** (*C. glomerata*) und die **Pfirsichblättrige Glockenblume** (*C. persicifolia*) trifft man meist nur angesät oder direkt aus Gärten verwildert in der Stadt an. Ihr Vorkommen an Wildstandorten ist heute vielerorts auf Trockenwiesen in Naturschutzgebieten beschränkt.

Pyramiden-Glockenblume (*Campanula pyramidalis*), über 1,8 Meter hoch, in Zürichs Stadtteil Wiedikon.

Die Glockenblumenarten, die in der Stadt besonders günstige Bedingungen finden und manchmal selbst aus kleinsten Ritzen wachsend ganze Farbenteppiche bilden, stammen ursprünglich zumeist aus kalkreichen Berggebieten Süd- und Osteuropas. Auch in den Alpen gibt es einige auf Steinfugen spezialisierte Arten, etwa die **Zwerg-Glockenblume** (*C. cochleariifolia*), die in manchen Voralpenstädten, etwa in Freiburg i. Üe., aus den Mauern und Fugen wächst. Den meisten alpinen Zwergpflänzchen ist es aber in den Städten der tiefen Lagen zu warm.

Und so stammen die Glockenblumenarten, die wir heute in den Innenstädten finden, aus Dalmatien, dem Kaukasus und den Dinarischen Alpen. Die überwiegend niedrig in Polstern wachsenden Arten heißen Dalmatiner **Polster-Glockenblume** (*Campanula portenschlagiana*), **Hänge-Polster-Glockenblume** (*C. poscharskyana*) und **Stern-Polster-Glockenblume** (*C. garganica*). Sie haben rundliche bis herzförmige Blätter und bilden lange, liegende oder kletternde Triebe. So verzieren sie manche Mauer und wachsen selbst aus kleinsten Fugen. Diese und auch die folgenden Arten stehen beispielhaft für eine ganze Reihe in Gärten kultivierter Arten, die regelmäßig verwildern. Zwar sind nicht in jeder Stadt die gleichen Glockenblumen zu finden, aber einige der genannten zählen stets zur Stadtflora.

Eine weißblühende Art, die man manchmal auf Brachen verwildert antreffen kann, ist die **Knoblauchraukenblättrige Glockenblume** (*C. alliariifolia*) aus dem Kaukasus. Mit ihren hängenden Blüten erinnert sie ein wenig an die Acker-Glockenblume, lässt sich aber an der starken Behaarung der herzförmigen, grundständigen Blätter schon vor der Blüte gut von dieser unterscheiden. Es können allerdings bei vielen Glockenblumen weiße Zufallssämlinge vorkommen, die manchmal auch als Sorten ausgelesen werden. Eine selten in Mitteleuropa verwilderte Art, die in weißen Sorten kultiviert wird, ist *C. carpatica*, die **Karpaten-Glockenblume,** die ebenfalls aus Südosteuropa stammt. Sie ist mit ihren großen, weit geöffneten Blumen der heimischen Pfirsichblättrigen Glockenblume ähnlich, bildet aber grundständig runde Blätter.

Heimische Glockenblumen im urbanen Raum: links die Acker-Glockenblume (*Campanula rapunculoides*) und darunter die Pfirsichblättrige Glockenblume (*C. persicifolia*); rechts die Rundblättrige Glockenblume (*C. rotundifolia*) und darunter die Nesselblättrige Glockenblume (*C. trachelium*).

Links die Knoblauchraukenblättrige Glockenblume (*Campanula alliariifolia*) und darunter die kriechende Art, die Dalmatiner Polster-Glockenblume (*C. portenschlagiana*); rechts die Polster-Glockenblumen (*C. garganica* und *C. poscharskyana*) sowie darunter eine spezialisierte Scherenbiene (*Chelostoma* sp.) auf derselben Art.

Eine besonders auffällige Erscheinung aus den Dinarischen Alpen ist die **Pyramiden-Glockenblume** (*C. pyramidalis*), die mit einer Wuchshöhe von über 1,8 Metern eine beeindruckende Größe erreichen kann. Auch sie bewohnt in ihrem natürlichen Habitat Felsspalten. Obwohl die Art recht selten verwildert, ist sie aus verschiedenen Städten als Fugenpflanze bekannt.

Auf Glockenblumen sind gleich einige Scherenbienen (*Chelostoma* spp.) spezialisiert. Die Bienen sammeln den Glockenblumenpollen an einer Bauchbürste. Sie sind weit verbreitet, aber aufgrund ihrer Bindung an die Gattung *Campanula* nur in den entsprechenden Habitaten zu finden. Scherenbienen werden durch alle Glockenblumenarten gleichermaßen gefördert – und sind in der Stadt oft an die Bestände reichblühender **Polster-Glockenblumen** gebunden. Und so können wir die kleinen, schwarzen Bienen selbst in der Innenstadt regelmäßig beobachten. Sie übernachten oft in den glockenförmigen Blüten, wo wir sie zur Abendzeit entdecken können.

Skizzen: Hänge-Polster- und Nesselblättrige Glockenblume.

Maskenblumen

LÖWENMAUL UND ZIMBELKRAUT

Wer kennt sie nicht, die Löwenmaulblüten: Drückt man sie seitlich zusammen, öffnen sie sich wie der Rachen des gefürchteten Raubtiers. Botanisch nennt man diese Blütenmorphologie »Maskenblume«. Trotz des auffälligen Blütenschmucks gehören diese Arten zu den Wegerichgewächsen, für deren namensgebende Wegeriche (S. 221) eher optische Zurückhaltung charakteristisch ist. Die Wegerichgewächse sind eine große Familie mit vielen Gattungen. Von ihnen haben einige der Stadtpflanzen die typischen Löwenmaulblüten.

Die namensgebenden Löwenmäuler der Gattung *Antirrhinum* stammen ebenfalls aus dem Mittelmeerraum. Sie haben wesentlich größere Blüten als die anderen hier behandelten Arten. Insbesondere das **Große Löwenmaul** (*Antirrhinum majus*) wird in Gärten und auf Balkonen kultiviert und ist in vielen Farbvarianten im urbanen Raum verbreitet. So finden wir die beliebten Gartenpflanzen oft spontan verwildert an Mauerfüßen, auf Brachen und in Fugen – sehr zur Freude von Hummeln, die ihre Blüten gerne anfliegen. Viel unscheinbarer ist das kleine **Acker-Löwenmaul** (*Misopates orontium*), eine Ackerbegleitpflanze, die heute ziemlich selten geworden ist. Sie hat mancherorts Ersatzhabitate in Industriegebieten, auf extensiven Dächern und im Gleisschotter gefunden. Ihre rosavioletten Blüten sind lediglich wenige Millimeter groß.

Echtes Leinkraut (*Linaria vulgaris*) bei der Hardbrücke am Gleisfeld in Zürich.

In der Blütengröße wird das Acker-Löwenmaul durch eine im urbanen Raum weitverbreitete Art unterboten: Das **Kleine Leinkraut** (*Chaenorhinum minus*) ist eine zierliche, aber sehr unauffällige Wegrandpflanze, die zu den häufigen Arten der urbanen Gebiete gehört. Wer genau hinschaut, wird die kleinen Löwenmaulblüten des drüsig-klebrigen Pflänzchens erkennen können.

Häufige Arten dieser Pflanzengruppe in den Städten sind die Leinkräuter (*Linaria*), die ihren Namen den schmalen, dem Lein ähnlichen Blättern zu verdanken haben. Unter den Leinkräutern ist das gelbe **Echte Leinkraut** (*Linaria vulgaris*) am weitesten verbreitet, es wächst gerne an Straßenrändern, selbst an Autobahnen auf den Mittelstreifen oder im Gleisschotter der Bahnhöfe. Dicht gedrängt reihen sich die gelben Blüten in ansehnlichen, aufrechten Trauben aneinander.

In ihrer Gattung kommen aber zwergwüchsige Arten genauso vor wie das meterhohe **Dalmatiner-Leinkraut** (*L. genistifolia* ssp. *dalmatica*), das in Meeresnähe im Balkan natürlich und bei uns selten aus Gärten verwildert im urbanen Raum vorkommt. Das wenige Zentimeter hohe **Alpen-Leinkraut** (*L. alpina*) war früher etwa in Zürich an der Sihl oder in Freiburg i. Üe. an der Sense heimisch, wo die Art als Schwemmling aus den Alpen immer wieder in kleinen Populationen im Flusskies siedelte. Seit diese Flüsse durch Stauwerke verbaut wurden, sind die Alpenschwemmlinge stark rückläufig. Nur an nicht korrigierten Flüssen mit intakten Kiesbänken kommen solche hochalpinen Arten manchmal noch in tiefen Lagen vor.

Aus dieser Gattung können wir auch das seltene, hellviolette **Streifen-Leinkraut** (*L. repens*) sowie das ähnliche, aber höher wachsende und aus Süditalien stammende **Purpur-Leinkraut** (*L. purpurea*) hin und wieder in Städten beobachten. Diese Art ist als Gartenpflanze nach Mitteleuropa gelangt und verwildert bevorzugt auf trockenwarmen Ruderalflächen. Wird es ihr zu schattig oder kommt Konkurrenz auf, verschwindet sie schnell. Die rosaroten oder violetten Blüten zieren von Juni bis Oktober die Gärten und werden gerne von den in Siedlungen zumeist nicht seltenen Großen Wollbienen (*Anthidium manicatum*) besucht. Auch die Raupen

Links das Marokkanische Leinkraut (*Linaria maroccana*) und darunter das Purpur-Leinkraut (*L. purpurea*); rechts das Streifen-Leinkraut (*L. repens*) und eine Raupe der Möndcheneule auf dem Purpur-Leinkraut, darunter die Blüte des Dalmatiner-Leinkrauts (*L. genistifolia sp. dalmatica*).

Links das Große Löwenmaul (*Antirrhinum majus*) und rechts das unauffällige Acker-Löwenmaul (*Misopates orontium*), oben die Blüte und unten der Habitus auf einem Parkplatz im Industriegebiet Binz in Zürich.

der Möndcheneule (*Calophasia lunula*) finden wir sowohl auf den heimischen Arten wie auch auf dieser Gartenpflanze. Das Purpur-Leinkraut hybridisiert bei gemeinsamem Vorkommen gerne mit dem Dalmatiner Leinkraut, wodurch spannende Blütenfarben entstehen.

Eine Art, die seit wenigen Jahren durch Sommerblumensaaten in den Städten verbreitet wird, ist das **Marokkanische Leinkraut** (*L. maroccana*). Die einjährige, äußerst vielfältig farbenfrohe Art verschwindet oft schon nach wenigen Jahren wieder von den Standorten ihrer Aussaat und scheint mit dem mitteleuropäischen Klima nicht wirklich gut zurechtzukommen.

In ihrem Wuchs und der Blattform nochmals sehr anders ist das **Zimbelkraut** (*Cymbalaria muralis*). Das Mauer-Zimbelkraut ist eine mediterrane Art, die an den Küsten der Adria wild vorkommt.

Skizzen (v. l. n. r.): Echtes Leinkraut (*Linaria vulgaris*), Marokkanisches Leinkraut (*L. maroccana*) und das häufige Kleine Leinkraut (*Chaenorhinum minus*).

Sie wurde durch die Menschen schon im 17. Jahrhundert verschleppt und auch in verschiedenen Städten zur Begrünung von Gemäuern eingeführt, ab 1890 auch in Berlin durch den Schriftsteller Heinrich Seidel. Er schrieb:

> *»Wenn ihr diesem zierlichen Pflänzchen in und bei Berlin zufällig einmal in die hellen freundlichen Augen schaut – lasst es stehen! Ihr wisst es nun, es ist ja doch nur angesalbt. Und der, der seinen Samen streute, möchte gern eine kleine grüne Spur hinterlassen auf dieser Erde.«*
>
> Heinrich Seidel, Zwischen City und Idyll: Berlinische Miniaturen, 1997

Solches »Ansalben«, das Einführen von Pflanzenarten zur Verwilderung, wurde schon damals von botanischen Fachkreisen immer wieder kritisiert, weil es als Irreführung verstanden wurde oder Sorge um die heimische Flora bestand. Das Zimbelkraut jedenfalls kam mit dem Stadtklima hervorragend zurecht, sodass wir es heute fast in jeder Altstadt finden können.

Spannend zu beobachten ist der Verbreitungsmechanismus des Mauer-Zimbelkrauts: Während sich die violetten Maskenblüten der Sonne zuwenden, biegen sich die kugeligen Samenstände später zurück und verkriechen sich in dunkle Mauerspalten. Dieser »negative Fototropismus« hilft der Art, die Samen dort zu deponieren, wo sie später keimen können.

Skizze: Mauer-Zimbelkraut (*C. muralis*).

Links ein Bestand des Kleinen Leinkrauts (*Chaenorhinum minus*) am Straßenrand und seine Blüten; rechts Blüte und Habitus des Mauer-Zimbelkrauts (*Cymbalaria muralis*).

Färberpflanzen

RESEDEN

Wir treffen die blassgelb blühenden Reseden regelmäßig auf Gleisfeldern, Schuttstandorten, Wegrändern und außerhalb der Städte in lückigen Wiesen an.

Im deutschen Sprachraum nennt man sie oft schlicht »Wau«. Dabei sind zwei Arten besonders verbreitet: der **Gelbe Wau** (*Reseda lutea*) sowie der **Färber-Wau** (*Reseda luteola*). Der Gelbe Wau ist in Mitteleuropa einheimisch und wesentlich häufiger anzutreffen. Mit seinen fein zerschlitzten Blättern, dem kriechend-aufrechten Wuchs und den breit-kerzenförmigen Blütenständen ist er unverkennbar.

Die zweite Art ist eine alte Färberpflanze, mit der man Stoffen ein intensives Gelb verleihen kann. Sie ist aus dem östlichen Mittelmeerraum als frühe Kulturpflanze zu uns gekommen. Aufgrund ihrer langen Tradition als Färberpflanze steht Resedagrün heute für einen grün-bräunlichen Farbton. Der Färber-Wau wird mit einer Wuchshöhe von bis zu 150 Zentimetern wesentlich größer und ist am häufigsten angesät zu finden. In Blumenmischungen mit seltenen Arten sind seine Samen manchmal vertreten, und auch in manchem Garten wird die Art noch kultiviert. Man kann ihn gut an den unzerteilten Blättern und den wesentlich schmaleren Blütenständen erkennen.

Weitere Reseden, die man verwildert aus Gartenkulturen hin und wieder in den Städten antrifft, sind die verholzende **Weiße Resede** (*R. alba*), die **Rapunzel-Resede** (*R. phyteuma*) sowie die **Duft-Resede** (*R. odorata*).

Gelber Wau in Baugrube (*Reseda lutea*).

Links die Reseden-Maskenbiene am Färber-Wau (*Reseda luteola*); rechts die Blattrosette der Weißen Resede (*R. alba*) in Zürich, darunter ein Bienenwolf auf dem Gelben Wau (*R. lutea*) im Hafen von Basel.

Auf Reseden lebt eine spezialisierte Bienenart, die Reseden-Maskenbiene (*Hylaeus signatus*). Die kleinen, schwarzen Bienen mit einer weißen Maskenzeichnung auf dem Kopf kommen nur dort vor, wo es auch Reseden gibt. Gerade im urbanen und im industriellen Umfeld mit Baubrachen finden wir die Bienen nicht selten. Auch sonst sind Reseden gute Trachtpflanzen für Wildbienen und Wespen. Auf dem gezeigten Bild sucht etwa der Bienenwolf (*Philanthus triangulum*), eine relativ seltene, auf Honigbienen spezialisierte Wespenart, mitten im Hafenareal von Basel Nektar auf **Färber-Wau** (*R. lutea*).

Da die beiden abgebildeten Bienen- und Wespenarten nicht dem üblichen Bild dieser zwei Artengruppen entsprechen, hier ein kleiner Exkurs in deren Biologie: Taillenwespen ernähren ihren Nachwuchs mit tierischem Protein, das heißt mit gefangenen Insekten und bei manchen Arten auch gelegentlich mit Fleisch vom Tellerrand. Bienen füttern den ihrigen mit Pollen von Blütenpflanzen. Manche Wildbienen sind dabei hoch spezialisiert und nutzen nur die Blüten einer bestimmten Pflanzenart oder -gattung. Die erwachsenen Individuen (Imagos) beider Gruppen ernähren sich von süßem Nektar.

Herbarbeleg: Färber-Wau.
Skizze: Gelber Wau.

CREDIT SUISSE

Farbenprächtige Blumengraffiti

MALVEN

Sie sind längst zum Symbol der sommerlichen Stadtvegetation geworden – die **Stockrosen** oder Malven (*Alcea rosea*). Besonders in Zürich, wo der Koch und Guerilla-Gardening-Pionier Maurice Maggi mit den Samen dieser Art »Blumengraffiti« in den Straßen gelegt hat, finden wir sie häufig. Solche floristische Interventionen sieht man heute mehr denn je – und manche haben es Maggi gleichgetan und zeichnen mit dieser und anderen Blumen farbige Bänder durch die städtisch graue Welt.

Die Stockrose ist eine Zierpflanze mit unsicherer Herkunft. Vermutlich stammt sie irgendwo aus warmen Gegenden im östlichen Mittelmeerraum. Die Stockrose ist zwei- bis mehrjährig, bildet im ersten Jahr eine niedrige Blattrosette, um dann im folgenden Jahr bis zu drei Meter hohe Blütenstände zu bilden. Obwohl sie eine Gartenpflanze ist, leben auf ihr, selbst mitten in der Stadt, eine große Zahl verschiedener, hoch spezialisierter Insektenarten. Zu ihnen gehören einige Käfer, unter denen mehrere winzige Rüsselkäferarten mit dem Namen »Malvenspitzmäuschen« besonders häufig anzutreffen sind. Auch die Raupen des wärmeliebenden Malven-Dickkopffalters (*Carcharodus alceae*) kann man an der Art beobachten.

Als ursprüngliche Nahrungspflanzen dieser Insektenvielfalt gelten einige weitere Malvenarten, die auch als **Käsepappel** und in der Schweiz als »Chäslichrut« bekannt sind. Botanisch gehören sie tatsächlich zur Gattung *Malva* und verdanken ihren umgangssprachlichen Namen den in einer runden Scheibe angelegten

Stockrosen (*Alcea rosea*) in einer Baumscheibe in Zürich.

Links die Stockrose (*Alcea rosea*) und darunter die Moschus-Malve (*Malva moschata*); rechts die Weg-Malve (*M. neglecta*) und darunter die Rosen-Malve (*M. alcea*).

Variationen und verwilderte Kulturformen der Wilden Malve (*Malva sylvestris*).
Die heimische Wildform ist unten links, die Mauretanische Malve unten rechts gezeigt; die Wildform ist in der weiblichen Phase mit sternförmigen Griffelästen, die Mauretanische Malve in der männlichen Phase mit sichtbaren Pollensäcken.

Spaltfrüchten. Vermutlich sind alle dem Menschen sehr früh aus dem warmen mediterranen Klima in den Norden gefolgt.

Während die auf nährstoffreichen Schuttplätzen, Wegrändern und Rasen verbreitete **Weg-Malve** (*M. neglecta*) ihre Blüten oft in Bodennähe öffnet, strecken uns die Rosen-Malve oder die **Sigmarswurz** (*M. alcea*) und die **Moschus-Malve** (*M. moschata*) ihre rosa Blumen aus etwa einem Meter Höhe entgegen. Sie leben auf nährstoffreichen, selten geschnittenen Wiesen oder Brachen.

In Bezug auf Wärme und Trockenheit ist die Rosen-Malve verträglicher, weshalb wir sie in städtischen Gebieten häufiger antreffen. Unterscheiden lassen sich die beiden Arten am besten am Blattwerk: Die Moschus-Malve hat direkt unter dem Blütenstand fein fiederschnittig geteilte Blätter mit schmalen, linealen Abschnitten, während die der Rosen-Malve grob dreiteilig sind.

In Städten finden wir sie vorzugsweise in den Baumscheiben und auf Brachen. Die Sigmarswurz dringt bis in die Innenstadt vor, die Moschus-Malve präferiert die durchgrünten Außenbereiche.

Herbarbeleg und Spaltfrucht der Mauretanischen Malve sowie Samen der Stockrose.

Die vielleicht häufigste, noch nicht genannte Art ist die **Wilde Malve** (*Malva sylvestris*). Sie ist anhand ihrer ungeteilten Blätter und der violetten Blüten einfach von den anderen Malven zu unterscheiden. Wie die Stockrose, aus deren Blüten man Tee machen kann, ist auch die Wilde Malve ein beliebtes Heilmittel, das besonders wegen der enthaltenen Schleimstoffe gegen Husten und Halsschmerzen wirken soll.

In den Städten sind daneben verschiedene Kulturformen und Varietäten der Art verbreitet, die einst in die Heil- und Ziergärten eingeführt wurden. Darunter besonders verbreitet ist die dunkelviolette **Mauretanische Malve** (*Malva sylvestris* var. *mauritiana*).

Wie viele Pflanzen durchlaufen auch die Malvenblüten eine männliche und eine weibliche Blütenphase. In der männlichen Phase sind die Staubbeutel offen, in der weiblichen Phase stehen die Griffeläste sternförmig im Blütenzentrum. Durch diese zeitliche Aufteilung wird die Selbstbestäubung vermindert.

Skizzen: Wilde Malve im Sommer und im Herbst.

Mauerpflanzen und Schmetterlingsmagneten

BRENNNESSEL-GEWÄCHSE

Der Großteil der Brennnesselgewächse in den Städten Mitteleuropas sind ihrem Namen wenig treu: Sie können uns weder brennen noch nesseln.

Unter den namensgebenden **Brennnesseln** finden wir in der Stadt häufig die Große sowie die regional sehr seltene Kleine Brennnessel. Gemein ist beiden, dass sie mit Brennhaaren bestückt sind, die sich beim Anbrechen der Spitze in feine Injektionsnadeln verwandeln. Dabei wird ein Cocktail aus Säuren, Histamin und weiteren Stoffen in die Haut gespritzt, der beißende Quaddeln und Hautrötungen hervorrufen kann.

Die zweihäusige **Große Brennnessel** (*Urtica dioica*) ist eine der häufigsten Pflanzen an sehr stickstoffreichen Standorten. An ihrem Vorkommen kann man ablesen, ob der Boden gut gedüngt ist. In der Stadt deutet das nicht selten auf eine Hundepinkelecke hin. Aber auch auf Brachflächen und unter Stickstoff anreichernden Gehölzen wie Erlen oder Robinien können wir sie regelmäßig antreffen. Sie kann dort bis drei Meter hoch werden und den Boden mit einem dichten Netz kriechender Wurzeln überziehen, wodurch das Wachstum anderer Pflanzen eingeschränkt wird. Brennnesseln sind – obschon sie gerade in der Stadt nicht an allen Standorten gepflückt werden sollten – auch eine hervorragende Zutat für Frühlingssalate, Gemüse oder Suppen. Traditionell ist das ganze Kraut bekanntes und beliebtes Heilmittel, und aus den kleinen Samen kann im Herbst hochwertiges Speiseöl gepresst

Glaskräuter (*Parietaria* spp.) auf einem Parkplatz in Zürich.

Oben links die Kleine Brennnessel (*Urtica urens*) in Zürich, darunter und oben rechts die häufige Große Brennnessel (*U. dioica*), darunter ein Bubikopfbestand (*Soleirolia soleirolii*), auch in Zürich; unten rechts die sehr selten verwildernde Pillen-Brennnessel (*U. pilulifera*).

werden. An sonnigen Standorten ist die Große Brennnessel eine der wichtigsten Futterpflanzen für verschiedene Tagfalterraupen, darunter das Tagpfauenauge, der Admiral, das Landkärtchen, der C-Falter und der Kleine Fuchs. Trotz der verbreiteten Vorkommen der Brennnessel sind viele dieser Falterarten im Rückgang begriffen. Das hängt einerseits mit dem Fehlen gut besonnter, großer Brennnesselbestände, aber auch mit dem gezielten Vernichten der Pflanze zusammen, die aufgrund ihrer Brennwirkung und starken Ausbreitungstendenz oft als schädlich gilt.

Die **Kleine Brennnessel** (*U. urens*) ist in der Schweiz gefährdet und auch in anderen Gebieten Europas selten geworden. Auch sie liebt nährstoffreiche, eher warme Standorte, ist als einjährige Art aber auf häufigen Bodenumbruch angewiesen. In Städten tritt sie spontan da und dort auf. Die einhäusige Art, die in dörflichen, nährstoffreichen Ruderalfluren verbreitet war, ist mit diesem selten gewordenen Habitat vielerorts verschwunden. In Gemüseanbaugebieten tritt sie auf stark gedüngten Äckern aber punktuell in großen Beständen auf.

Ganz selten verwildert trifft man in Mitteleuropa zudem die als Heilpflanze kultivierte **Pillen-Brennnessel** (*U. pilulifera*) an.

Eine weitere Gruppe der Brennnesselgewächse sind die Glaskräuter. Ihren deutschen Namen haben sie erhalten, weil man sie früher zur Reinigung von Flaschen genutzt hat. Ihren botanischen Namen *Parietaria* verdanken sie ihrem liebsten Wuchsort, den Stadtmauern (lat. *paries*). Im Englischen nennt man sie deswegen auch *pellitory of the wall*. Im mediterranen Raum sind sie allgegenwärtig und wachsen aus Mauern, an Straßen- und an Wegrändern. Nördlich der Alpen sind sie stark an die Wärmeinseln der Städte gebunden; es kommen aber auch hier zwei Arten vor, und zwar das **Aufrechte** (*P. officinalis*) und das kleinere **Ausgebreitete Glaskraut** (*P. judaica*). In Berlin ist zudem das **Pennsylvanische Glaskraut** (*P. pensylvanica*) anzutreffen, eine eingeführte amerikanische Art.

Ein weiteres Brennnesselgewächs finden wir punktuell verwildert in den Städten vor. Es ist wärmebedürftig und stammt ursprünglich von Sardinien und Korsika. *Soleirolia soleirolii* ist eine bodenbedeckende, subtropische Pflanze mit winzigen, weißen

Links das Aufrechte Glaskraut (*Parietaria officinalis*), unten an einer alten Mauer in Florenz zusammen mit Kapernsträuchern (*Capparis spinosa*);
rechts ein Glaskrautbestand in Zürich, darunter das Ausgebreitete Glaskraut (*P. judaica*).

Blüten. Sie ist die einzige Art in ihrer Gattung und wird überwiegend als Zimmerpflanze in Töpfen kultiviert. Aufgrund ihres dann rundlichen Wuchses und der kleinen Blätter wird sie »**Bubikopf**« genannt. Seit einigen Jahrzehnten finden wir sie auch in Städten nördlich der Alpen in kleinen Beständen, meist dicht an Steine geschmiegt, an schattigen, aber wärmebegünstigten Standorten.

Skizze: Große Brennnessel (*Urtica dioica*).

Manche wollen hoch hinaus

WOLL- UND SCHABENKRAUT

Die **Königskerzen** oder Wollkräuter sind eine in den Städten besonders verbreitete Pflanzengattung. Sie bilden im ersten Jahr eine grundständige Rosette und im zweiten Jahr hohe Blütenstände aus, an denen gelbe oder seltener auch weiße Blüten prangen. Zweijährige Arten brauchen offene Bodenstellen. Wird die Vegetation zu dicht, verschwinden die Königskerzen wieder.

Darum finden wir im Hochsommer die gelben Blütenstände der Königskerzen überwiegend auf Brachen, an Wegrändern oder entlang von Bahngleisen. Sie profitieren von den vielen temporären Habitaten, die der urbane Raum bereithält. Die Pflanzengattung *Verbascum* gehört zu den Braunwurzgewächsen und ist mit über 300 Arten relativ artenreich. Gleich einige – zu viele, um auf alle im Detail einzugehen – wachsen in den Städten.

Das eigenständige und vielerorts seltene **Schabenkraut** (*Verbascum blattaria*) ist mit lang gestielten gelben oder weißen Blüten und violetten Staubfäden unverkennbar. Sie ist eine Art des trockenwarmen Klimas, die sich in den letzten Jahren in einigen Städten verbreitet hat, obwohl sie auf manchen regionalen Roten Listen der gefährdeten Arten steht. Zugute kommt ihr dabei vermutlich, dass sie da und dort in Gärten angesät wird, von wo aus sie sich immer wieder in das für sie günstige Stadtklima ausbreiten kann.

Schwarze Königskerzen (*Verbascum nigrum*) in Zürich.

Links die Großblütige Königskerze (*Verbascum densiflorum*), darunter eine verwilderte Kandelaber-Königskerze (*V. olympicum*) in Genf; rechts die Kleinblütige Königskerze (*V. thapsus*) sowie darunter das Schabenkraut (*V. blattaria*) in Zürich.

Ihr ähnlich, allerdings ohne deutlich gestielte Blüten, ist die **Schwarze Königskerze** (*V. nigrum*), die ebenfalls durch violette Staubfäden auffällt.

Fast alle anderen Wollkräuter sind auffällig dicht, weiß und wollig behaart und haben ausgewogen gelbe Blüten. In der traditionellen Medizin als schleimlösendes Mittel in Tees eingesetzt, werden die Königskerzen heute nur noch selten zu diesem Zweck geerntet.

Dafür sind sie auch im urbanen Raum beim Königskerzen-Mönch (*Cucullia verbasci*), einer spezialisierten Nachtfalterart, als Raupenfutter beliebt. Der Königskerzen-Mönch zählt mit seiner Zeichnung zu den auffälligeren Raupen der Stadthabitate. Daneben sind die Blätter Nahrungsgrundlage für verschiedene Käferarten. Schwebfliegen und andere Insekten besuchen die Blüten. Einmal abgeblüht, werden die trockenen Samenstände von Finken besucht, die die nahrhaften Samen fressen. Auch die markgefüllten Stängel bieten einigen Insektenarten ein Winterhabitat. So sind sie denn in naturnahen Gärten zu beliebten, kurzlebigen Zierpflanzen avanciert.

Besonders die **Lampen-Königskerze** (*V. lychnitis*) mit ihren mehlig behaarten Blättern ist in Pflanzungen beliebt. Einige ähnliche, aber großwüchsigere Arten wurden auch aus dem mediterranen Raum als Gartenpflanzen eingeführt, beispielsweise die Olymp- oder **Kandelaber-Königskerze** (*V. olympicum*), die ebenfalls reich verzweigte Blütenstände aufweist und da und dort verwildert auftritt. Früher wurden die trockenen Samenstände verschiedener Arten der Gattung – in Wachs oder Harz getaucht – als Kandelaber und Fackeln verwendet.

Manche Arten, etwa die **Kleinblütige** (*V. thapsus*) und die **Großblütige Königskerze** (*V. densiflorum*), können gut zwei Meter hoch werden.

Unter dem Spitznamen »Cowboy Toilet Paper« sind die Blätter der Pflanzengattung auch in den USA bekannt, wo viele europäische Arten eingeführt wurden und heute nicht nur in Städten, sondern auch im ländlichen Raum weite Verbreitung gefunden haben.

Eine haarige Sache

RAUBLATTGEWÄCHSE

Wenn wir Natternkopf, Krummhals, Hunds- oder Ochsenzunge hören, haben wir es mit einer haarigen Pflanzenfamilie zu tun. Die Raublattgewächse sind eine weit verbreitete und in Städten häufige Pflanzenfamilie mit vielen seltsam benannten Arten.

Für seine Anwendung in der Küche ist das Gurkenkraut beziehungsweise der **Borretsch** (*Borago officinalis*) bekannt, dessen junge Blätter eine Bereicherung für Salate oder Kräuterquarks sind. Ursprünglich mediterran hat sich die Art auch in Siedlungsnähe in Mitteleuropa seit Langem angesiedelt. Beständige Aussaat in Gärten und auf Balkonen führt zu fortlaufenden Verwilderungen.

Für viele Gewächse der hier behandelten Pflanzenfamilie ist die Veränderung der Kronblattfarbe während der Blühzeit charakteristisch. Beim Borretsch und dem **Gewöhnlichen Natternkopf** (*Echium vulgare*) öffnen sich die Blüten in hellen Rot- und Rosatönen und werden über violett letztlich azurblau. Diese Färbung kommt über die Veränderung des pH-Werts in den Zellen der Blüten zustande. So können bestäubende Insekten erkennen, ob eine Blüte schon lange offen ist und vermutlich keinen Nektar und keinen Pollen mehr enthält oder ob eine Blume frisch und unbestäubt einen Besuch wert ist. Auf dem Natternkopf sammeln spezialisierte Bienen Pollen und Nektar. Oft kann man im Siedlungsraum auch die Natternkopf-Mauerbiene (*Osmia adunca*) beobachten, eine kleine, schwarze Wildbienenart. Sie finden wir zudem auf einer zweiten Art der Natterköpfe, dem Wegerich- oder **Wegerichblättrigen Natternkopf** (*E. plantagineum*). Die in Mittelmeerstädten häufig anzutreffende Art wird seit einigen Jahren

Gewöhnlicher Natternkopf (*Echium vulgare*).

vermehrt in annuellen Blumensaaten verwendet und kann sich an geeigneten, kiesigen Stellen auch in Mitteleuropa einige Jahre halten.

In intensivem Violettblau blüht uns am Wegrand regelmäßig die **Gemeine Ochsenzunge** (*Anchusa officinalis*) entgegen. Auch ihre Kronblätter folgen einem zeitlichen Farbverlauf von rötlich zu blau. Die Ochsenzunge wächst zumeist auf Kiesflächen und Brachen und hat in Zürich und anderen Städten unter anderem durch Ansaaten ihren Bestand ausdehnen können.

Der Name der seltenen **Gewöhnlichen Hundszunge** (*Cynoglossum officinale*) ist auf ihre Früchte zurückzuführen, deren Oberflächen an die raue Zunge eines Hundes erinnern. Sie sind eine faszinierende Erscheinung: Geometrisch sind auf der Oberfläche feinste, mit Zähnen ausgestattete Borsten verteilt, mit denen sie sich an der Kleidung verhaken. Während die eher unauffällig nickenden Blüten dieser Art rot sind, hat die in Blumenmischungen ausgesäte Chinesische oder **Liebliche Hundszunge** (*C. amabile*) blaue Blüten. Daher werden sie auch als Sommer-Vergissmeinnicht verkauft. Eingesät finden wir vielerorts auch die als Bienenfreund beliebten Phazelien. Insbesondere die **Rainfarn-Phazelie** (*Phacelia tanacetifolia*) ist regelmäßig in Gründünger- und Saatmischungen zur Unterstützung der Honigbiene enthalten.

Frucht der Gewöhnlichen Hundszunge (*Cynoglossum officinale*), vergrößert.

Links die Ochsenzunge (*Anchusa officinalis*), darunter die in Städten angesäte Chinesische Hundszunge (*Cynoglossum amabile*); rechts der aus Gärten verwildernde Borretsch (*Borago officinalis*) und darunter Wegerich-Natternköpfe (*Echium plantagineum*).

Frucht und Blüte der Gewöhnlichen Hundszunge (*Cynoglossum officinale*).

Bienenfreund oder Rainfarn-Phazelie (*Phacelia tanacetifolia*).

Gern gesehene Wegelagerer

WEGERICHE

Kaum ein Gattungsname beschreibt den Wuchsort seiner Arten besser als der der Wegeriche. Wir finden sie auf verdichteten Böden, oft mitten auf dem Weg, in Fugen gepflasterter Gassen oder an den Bordsteinen versiegelter Straßen. Die Gattung ist verbreitet von den hohen Lagen der Alpen bis an die Meeresküsten. Bei vielen Arten, wenngleich nicht bei allen, sind die Bestände dabei oft an die Verkehrswege der Menschen gebunden.

Mitten auf den Wegen wächst der **Breit-Wegerich** (*P. major*), oft niedergetrampelt, mit seinen langen, aufrechten oder seltener niederliegenden Blüten- und Samenständen. Weil er in kleinen Ritzen genauso wie an nährstoffreichen Flussufern leben kann, finden wir ihn manchmal als winziges, wenigblütiges Pflänzchen – und andernorts mit handtellergroßen Blättern und kniehohen Blütenständen.

Mit dem **Spitz-Wegerich** (*P. lanceolata*), der lieber Plätze am Wegrand als in der Wegmitte einnimmt, hat er gemein, dass wir seinen spärlich aus den Blättern pressbaren Saft gegen juckende Insekten- und Brennnesselstiche einsetzen können. Einerseits neutralisiert er mit seinem basischen pH-Wert die Säure vieler Stichgifte, andererseits wirken Schleimstoffe und das enthaltene Aucubin reizhemmend.

Der Name beider Arten bezieht sich auf die Blattspreite, die bei der ersten Art oval und bei der zweiten lang zugespitzt ausgebildet ist. Die Blütenstände des Spitz-Wegerichs sitzen auf langen Stängeln und sind mit weißen Staubblättern besetzt.

Breit-Wegerich (*Plantago major*) auf einem Weg.

Auffälliger ist die weiß-rosarote Blüte des **Mittleren Wegerichs** (*P. media*). Diese Art ist charakteristisch für magere Wiesen, sie kann sich aber auch in oft gemähten Rasenflächen halten.

Der **Sand-Wegerich** (*P. arenaria*) ist in den Sandgebieten Europas weit verbreitet. Aber auch an warmen Ruderalfluren in den urbanen Gebieten können wir ihn gelegentlich finden. Dort gedeiht er in kleinsten Ritzen am Wegrand, auf Kiesflächen in Rangierbahnhöfen oder als Beikraut in Beeten.

Der **Krähenfuß-Wegerich** (*P. coronopus*) ist ebenfalls salztolerant und wärmeliebend. Er wächst besonders in den Küstengebieten Europas und Nordafrikas. In neuester Zeit kommt er auch entlang der im Winter gesalzenen Straßen, an Autobahnen und besonders in urbanen Gebieten vor. Er ist an seinen zerschlitzten Blättern einfach zu erkennen. Unter dem Namen Hirschhorn-Wegerich ist die Art auch als Salatpflanze in Kultur und wächst auf nährstoffreichen Böden viel wuchtiger und größer als in Ritzen und Fugen der Beläge unserer Städte.

Skizzen (v. l. n. r.): Krähenfuß-Wegerich, Spitz-Wegerich und Breit-Wegerich.

Links der Mittlere Wegerich (*Plantago media*), darunter der Krähenfuß-Wegerich (*P. coronopus*), hier in Freiburg i. Üe.; rechts der Sand-Wegerich (*P. arenaria*) in einem verwilderten Beet in Brüssel, darunter der häufige Spitz-Wegerich (*P. lanceolata*).

Schinkenwurzel und Trümmerblume

NACHTKERZENGEWÄCHSE

Wir finden sie heute auf Restflächen, an kiesigen Wegrändern und auf Baubrachen. Von den Schuttflächen im zerstörten London und Berlin haben sie sich nach dem Zweiten Weltkrieg in die Städte ausgebreitet. In London nannte man das **Schmalblättrige Weidenröschen** (*Epilobium angustifolium*) »Bombweed« und in deutschen Städten »Trümmerblume«. Auch die Nachtkerzen (*Oenothera*), die aus der gleichen botanischen Familie stammen, breiteten sich auf diesen Flächen aus.

Die Gattung der Nachtkerzen stammt mit all ihren Arten aus der Neuen Welt. Seit Langem werden sie in europäischen Gärten als Zier- und Nutzpflanzen kultiviert. Die gelbblühende **Zweijährige Nachtkerze** (*O. biennis*) ist in Europa vielerorts die häufigste Art. Sie kommt ursprünglich aus dem zentralen Nordamerika, bei uns wächst sie auf Brachen, auf offen gelassenen Beeten oder an Straßenrändern. Im ersten Jahr bildet sie grundständige Blattrosetten und tief reichende Wurzeln, im zweiten Jahr streckt sie ihre gelben Blüten in den Nachthimmel. Neben den eingeführten Arten haben sich durch Hybridisierung und eine schnelle Entwicklung in Europa auch viele europäische Sippen der Nachtkerzen gebildet, die sich von ihren nordamerikanischen Vorfahren unterscheiden. Dazu zählt etwa die verbreitete, großblütige **Rotkelchige Nachtkerze** (*O. glazioviana*), die in Europa entstanden ist. In manchen Regionen wird eine derart große Zahl unterschied-

Rotkelchige Nachtkerze (*Oenothera glazioviana*).

licher Arten und Sippen unterschieden, dass das Bestimmen der Nachtkerzen zur Expertendisziplin geworden ist.

Ökologisch stellen die Nachtkerzen in Europa vielerorts eine Bereicherung dar, da sie selten dichte Bestände bilden und besonders nachtaktiven Faltern hervorragende Nahrung bieten. Faszinierend sind die gut zu beobachtenden Bewegungen der Pflanzen bei Dämmerung: Die zitronengelben Blüten sprengen dabei die verwachsenen Kelchblätter und entrollen sich innerhalb weniger Minuten.

Der zweijährige Wachstumszyklus vieler Nachtkerzen hat auch ihre Nutzung als Wurzelgemüse ermöglicht. Im ersten Jahr sammeln die Pflanzen, ähnlich wie Rüben, Karotten oder Pastinaken, Nährstoffe in ihrer Wurzel, um im zweiten Jahr zu blühen. Nach dieser ersten Vegetationsperiode geerntet sind die Wurzeln, früher als »Schinkenwurzel« bekannt, gekocht eine Delikatesse. Nach der Blüte können auch die Samen geerntet werden. Gemörsert im Müsli oder auf den Teig von Gebäck gestreut, bereichern sie Gerichte mit ihrem feinen Aroma. Auch Öl kann aus den Samen gepresst werden. Oder man lässt sie den Vögeln und beobachtet im Winter die Sperlinge und farbigen Distelfinken beim Absuchen der Samenstände.

Natürlich sind Nachtkerzen auch einfach als Zierpflanzen beliebt. Zu ihnen zählt die kleine, rasig wachsende **rosarote Nachtkerze** (*O. rosea*) aus Mexiko, die in den Städten Südeuropas schon länger bekannt ist und derzeit in einzelnen Städten nördlich der Alpen Fuß fasst.

Nah verwandt sind die Nachtkerzen mit den Weidenröschen, der Gattung *Epilobium*. Viele Arten sind heimisch in mitteleuropäischen Städten. Auch sie wachsen auf Baubrachen, an Wegrändern und auf Mauern. Neben dem erwähnten **Schmalblättrigen Weidenröschen** (*E. angustifolium*), das an geeigneten Standorten fast zwei Meter hoch und mit Hunderten Blütenständen zur charakterbildenden Art wird, ist die Stadt auch Lebensraum für viele kleinblütige, schwer zu unterscheidende Arten. Typisch für die Gattung sind die rosarote Blütenfarbe und die Samen, die im Gegensatz zu den Nachtkerzen lang behaart und für die Windverbreitung ausge-

Nachtkerzenarten: links oben und rechts unten die Zweijährige Nachtkerze (*Oenothera biennis*); links unten die großblütige Rotkelchige Nachtkerze (*O. glazioviana*) und oben rechts eine selten verwildert zu findende rosarote Nachtkerze (*O. rosea*).

Oben das Rosmarin-Weidenröschen (*Epilobium dodonaei*), Blüte und Habitat im Gleisfeld von Zürich; unten links das Hügel-Weidenröschen (*E. collinum*); rechts in der Mitte das Schmalblättrige (*E. angustifolium*) und darunter das Zottige Weidenröschen (*E. hirsutum*).

legt sind. Auf Mauern in Städten finden wir manchmal das wenige Zentimeter hohe **Hügel-Weidenröschen** (*Epilobium collinum*). Hier hat es eine Vorliebe für Granit- oder Gneismauern mit wenig Kalk. An schattigen Straßenrändern sind das unauffällige **Berg-Weidenröschen** (*E. montanum*) und das feuchtigkeitsliebende **Drüsige Weidenröschen** (*E. ciliatum*) anzutreffen. Auch das großblütige, natürlich entlang von Gewässern verbreitete **Zottige Weidenröschen** (*E. hirsutum*) wächst im städtischen Umfeld spontan an Zäunen und auf Baustellen.

Auf den Schotterflächen mancher Bahnhöfe finden wir außerdem das **Rosmarin-Weidenröschen** (*E. dodonaei*), eine zierende Art mit schmalen, rosmarinartigen Blättern. Es gehört zu den naturschützerisch relevanten Arten, die früher in den weitläufigen Flussauen auf Kiesterrassen häufig war. Durch die Flusskorrekturen ist sie vielerorts verschwunden. Die Städte bieten der Art heute ein Ersatzhabitat mit großer Qualität.

Für Nachtfalter wie den Fledermaus- (*Hyles vespertilio*) und den Nachtkerzenschwärmer (*Proserpinus proserpina*) sind die großwüchsigen Weidenröschen und Nachtkerzen wichtige Raupenfutterpflanzen. Wir finden die auffällig gezeichneten Raupen vorwiegend an warmen Standorten.

Skizze: Samenstand einer Zweijährigen Nachtkerze.

Nützliche Gewürzkräuter und Wurzelgemüse

DOLDENBLÜTLER

Doldenblütler sind in der Stadt weit verbreitet, auch weil sie als Gewürzkräuter und Wurzelgemüse eine lange kulinarische Tradition haben und so dem Menschen gefolgt sind.

Als häufige Art am Wegrand finden wir die **Wilde Möhre** (*Daucus carota*), die Urform der Karotten oder schweizerisch »Rüebli«. Sie ziert viele Titelbilder zu Büchern von Stadtfloren in Europa und Nordamerika und steht symbolhaft für die Stadtpflanzen und ihre Globalisierung. Im Gegensatz zu den ursprünglich im Nahen Osten kultivierten Gemüsevarietäten ist die Wurzel der Wilden Möhre beige und bleibt wenig ertragreich. Als Wildgemüse eignet sie sich trotzdem gut. Geerntet wird nach dem ersten Jahr, wenn die Pflanze Nährstoffe für das zweite Standjahr gespeichert hat. Dasselbe gilt für die wilden **Pastinaken** (*Pastinaca sativa*), die wir ähnlich der Karotte auf trockenen, kiesig-sandigen Standorten finden. Auf Baustellen, Gleisfeldern und Brachen bilden beide Arten manchmal große Bestände. Die Pastinaken sind ebenfalls zweijährig. Sie speichern im ersten Jahr die Energie in einer rübenartigen Wurzel, im zweiten Jahr schießen dann ihre gelben Dolden in die Höhe.

Zu den Würzkräutern dieser Pflanzenfamilie, die man regelmäßig in den Städten findet, zählt die mediterrane **Petersilie** (*Petroselinum crispum*), die wir im milden Stadtklima verwildert an manchem Straßenrand beobachten können. Weil sie der stark giftigen **Hundspetersilie** (*Aethusa cynapium*) ähnelt, wird sie oft in Sorten mit einer krausen Blattform kultiviert. Das vereinfacht die Unterscheidung.

Wilde Möhre (*Daucus carota*).

Der **Koriander** (*Coriandrum sativum*) spaltet bekanntlich die Gesellschaft in zwei Hälften: Man liebt oder hasst den einzigartigen Geschmack der Blätter und der Samen. »Wanzendill«, die Übersetzung seines botanischen Namens *Coriandrum*, spricht dabei sinnbildlich für die zweite Wahrnehmung des Gewürzes. Von ihrem vermuteten Ursprung im östlichen Mittelmeerraum wurde die Pflanzenart durch Kultivierung weit verbreitet. Charakteristisch sind die kugeligen, würzigen Samen, an denen wir die hin und wieder verwildernde Art gut erkennen können.

Der **Kümmel** (*Carum carvi*) blüht bei uns oft schon im späten Frühjahr, mancherorts kann man noch die aromatischen Samen in trockenen Samenständen finden, die häufig in orientalischen Gerichten, aber auch als Würze für Fischspeisen und Brotgebäcke verwendet werden. Als Gewürze mindestens ebenso beliebt sind der **Dill** (*Anethum graveolens*) und der **Fenchel** (*Foeniculum vulgare*), die später blühen und oft auch eingesät im urbanen Raum verbreitet sind. Auf ihnen sowie auf einigen anderen Doldenblütlern können wir regelmäßig die farbenfrohen Streifenwanzen (*Graphosoma italicum*) beobachten.

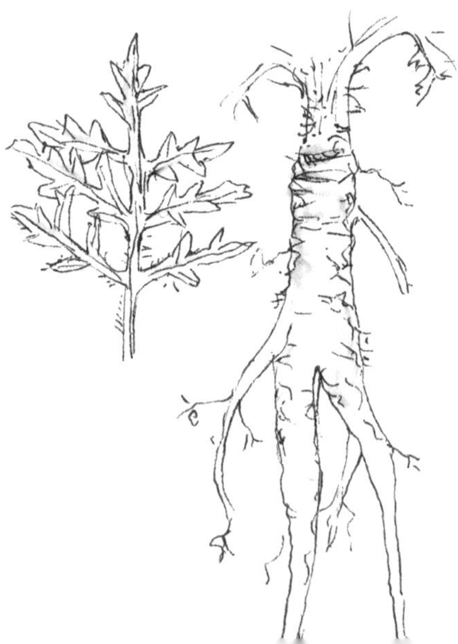

Skizze: Blatt und Wurzel der Wilden Möhre.

Doldenblütler: links ein Fenchelsamenstand (*Foeniculum vulgare*) mit Streifenwanze, darunter Petersilie (*Petroselinum crispum*) und Pastinake (*Pastinaca sativa*); rechts Kümmel (*Carum carvi*), Koriander (*Coriandrum sativum*) und Wilde Möhre (*Daucus carota*).

Spätsommergräser

HIRSEN

Gräser finden wir erwartungsgemäß hauptsächlich auf Wiesen, Rasen und Weiden. Natürlich gibt es Ausnahmen, und um eine dieser Ausnahmen geht es hier. Schon während des Wiesenschnitts, Mitte bis Ende Juni, mussten die Futtergräser der Blumenwiesen auf dem Land ihre Samen weit genug entwickelt haben, um alternde Pflanzen durch diese ersetzen zu können. Der Lebenszyklus des Ökosystems der Wiesen ist damit auf den Lebenskreislauf der Frühlingsgräser wie des Glatthafers (*Arrhenatherum elatius*) abgestimmt; nach der Blüte, beim Ansetzen der Samen wird gemäht, und zwar so früh wie möglich, damit später noch ein zweiter Schnitt stattfinden kann, und so spät wie nötig, damit die Fortpflanzung der Wiesengräser nicht unterbrochen wird. Umgekehrt betrachtet: Es konnten sich nur diejenigen Gräser bestandsbildend in traditionellen Futterwiesen halten, die diesen Schnittterminen folgen konnten (vgl. S. 32).

Die hier besprochenen Hirsen sind als einjährige Pflanzen von dieser Regel nicht betroffen. Ihr Lebenslauf unterscheidet sich deutlich von dem der meisten anderen heimischen Pflanzen. Der **Mais** ist noch eine jener Arten, der es den Hirsen gleichtut, daneben viele **Liebesgräser**. Sie beginnen erst so richtig zu wachsen, wenn der Zyklus der Frühlingsgräser das erste Mal sein Ende gefunden hat, wenn die Tage zunehmend heiß, trocken und auch wieder kürzer werden. Sie sind dazu in der Lage, weil ihr Organismus besonders gut an das heiße Sommerklima angepasst ist. Sie können als sogenannte C4-Pflanzen kurzfristige Kohlendioxidspeicher anlegen. Nur wenige Pflanzenarten unserer Breiten sind dazu befähigt.

Borstenhirsen (v. l. n. r.): *Setaria viridis, S. verticilliformis, S. verticillata, S. pumila.*

Fotosynthese ist der Motor des Lebens, der Prozess, bei dem Pflanzen Sonnenenergie als Zucker und nachfolgend andere energiereiche Stoffe speichern können. Weil Pflanzen für den Aufbau von Zucker Kohlendioxid aus der Luft brauchen, müssen sie die Umgebungsluft in ihre Blätter lassen, und zwar am besten dann, wenn die Sonne viel Energie für diesen Prozess bereitstellt. Und da liegt auch der Nachteil des Systems: Wenn es heiß ist, verdunstet viel Wasser über die sogenannten Spaltöffnungen der Blätter, über die das Kohlendioxid in die Pflanze gelangt. Im Hochsommer geraten viele Pflanzen so ans Limit, zu groß wird die Verdunstung, und sie vertrocknen.

Während bei den meisten Pflanzen unseres Klimas der Prozess der Fotosynthese also in einem Schritt abläuft, findet der Aufbau von Zucker bei C4-Pflanzen entkoppelt in zwei Schritten statt: Die Kohlendioxidaufnahme erfolgt während der kühlen Nacht und die Umwandlung in Zucker während der vollen Mittagssonne. Dadurch ergeben sich gleich mehrere Vorteile: Sie sind resistenter gegen Verdunstung, können im Hochsommer gedeihen und haben viel weniger Probleme mit Trockenheit.

Dass viele der Pflanzengattungen, die diese Form der Energiegewinnung nutzen, ihren Ursprung im trockenwarmen Klima haben, erstaunt darum wenig; meist sind sie durch die Landwirtschaft oder den Handel zu uns gekommen. In trockenen Regionen ist der Mechanismus der C4-Fotosynthese mindestens 17 Mal unabhängig voneinander in verschiedenen Pflanzenfamilien entstanden. Eine beachtliche Entwicklung, die die Besetzung besonderer Nischen in der Vegetation ermöglicht hat.

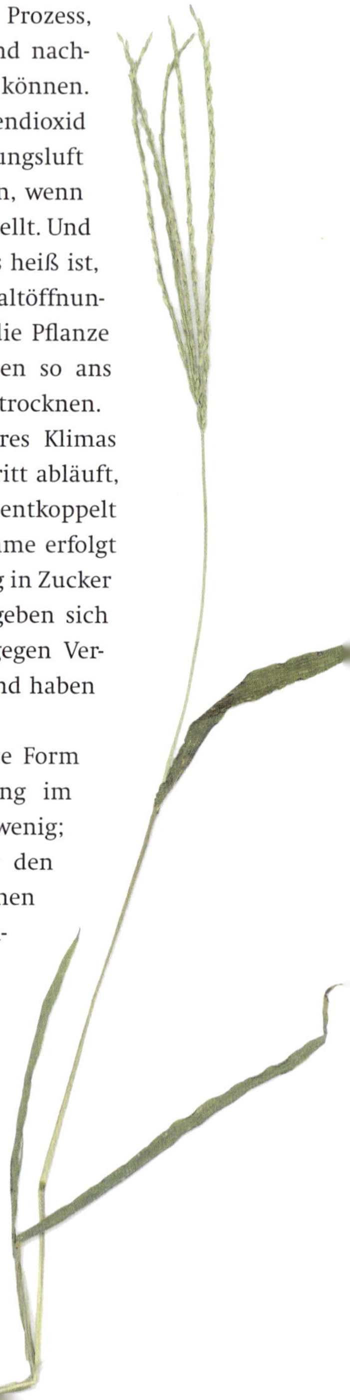

Herbarbeleg: Faden-Fingerhirse (*Digitaria ischaemum*).

Hirsenarten: links die Sorghumhirse (*Sorghum halepense*) und darunter die Quirlige Borstenhirse (*Setaria verticillata*); rechts eine Kolbenhirse (*Setaria italica*) und darunter die Bluthirse (*Digitaria sanguinalis*).

Als sehr typische Arten mit C4-Kreislauf sind wie erwähnt die Hirsen zu nennen, die im Spätsommer ruderale Standorte der Städte besiedeln. **Rispen-**, **Kolben-**, **Borsten-**, **Finger-** und **Sorghumhirsen** wachsen an den Wegrändern, auf Brachflächen und in den Gärten. Ihr schnelles Wachstum ist, wenn unerwünscht, gefürchtet, mancherorts aber auch sehr beliebt, da diese Pflanzenarten sehr schnell Biomasse aufbauen können. Das wird auch landwirtschaftlich genutzt: Man denke an das schnelle Wachstum eines spät ausgesäten **Mais**felds (*Zea mays*), der **Sorghumhirsen** (*Sorghum* spp.) oder der **Teff-Hirsen** (*Eragrostis tef*).

Die Teff-Hirse, ein wichtiges Getreide in Äthiopien, gehört zur Gattung *Eragrostis*. Diese bei uns als Liebesgräser bezeichnete Gattung hat in Mitteleuropa einige Vertreter, die als Spätsommergräser in Ritzen, Spalten und Fugen von Plätzen und Straßenrändern wachsen. Verbreitet finden wir das **Kleine** (*E. minor*) und das **Behaarte Liebesgras** (*E. pilosa*). Sie erscheinen im Hochsommer so schnell, wie sie im Herbst wieder verschwinden. Ihr kurzer Lebenszyklus ist ihre Stärke; sie brauchen sich nicht in allen Jahreszeiten gegen andere Pflanzen durchzusetzen, sondern nutzen jene trockenwarme Zeit, in der sie wenig Konkurrenz durch andere Arten haben.

Sobald die Reifezeit der Samen kommt, haben etliche Arten dieser Gräser regen Besuch von Spatzen oder anderen körnerfressenden Vögeln. Die relativ großen, nährstoffreichen Samen der Hirsen und verwandten Arten bieten den Keimlingen einen guten, schnellen Start. Es ist also kein Wunder, dass der Mensch viele dieser Arten kultiviert hat.

Mais (*Zea mays*), eine C4-Pflanze, verwildert im Hafen in Basel.

Links oben das Kleine Liebesgras (*Eragrostis minor*) und darunter das Behaarte Liebesgras (*E. pilosa*) an Wegrändern in Zürich; rechts die Rispenhirse (*Panicum miliaceum*), Hafen in Basel, darunter die Grüne Borstenhirse (*Setaria viridis*) und die Haarästige Rispenhirse (*Panicum capillare*) auf einer Baustelle in Zürichs Stadtteil Oerlikon.

Auch einige weitere C4-Pflanzen anderer Pflanzenfamilien finden wir regelmäßig in den Städten, etwa die Amarantharten (*Amaranthus* spp.) und einige Gänsefüße (*Chenopodium* spp.). Beide Gattungen haben auch landwirtschaftliche Verwendung gefunden. Den Gänsefüßen ist ein eigenes Kapitel gewidmet (S. 271 ff.).

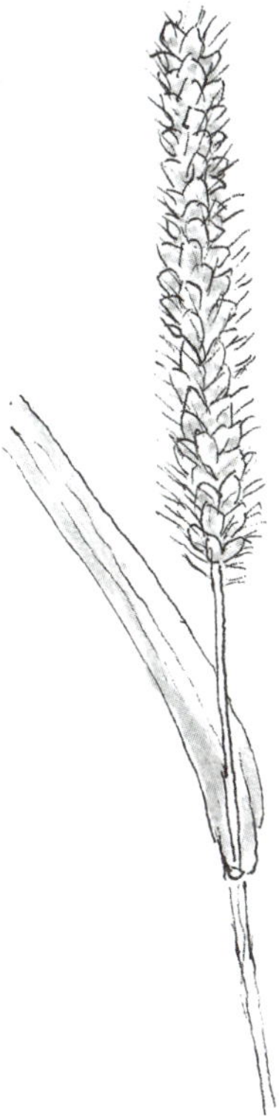

Skizze: Borstenhirse (*Setaria pumila*).
Herbarbelege: Grüne Borstenhirse (*Setaria viridis*) und Mais (*Zea mays*).

Stete Grenzgänger

WINDEN

Wir finden Winden meistens dort, wo der Mensch eine Grenze gezogen hat, an Zäunen, Lattenrosten, an Gartentoren und in Hecken. Und ihrer großen, auffälligen Blüten zum Trotz gelten sie als Unkraut. Sie gedeihen so gut in der urbanen Natur, dass hoch spezialisierte Gifte angewendet werden müssen, um sie wieder loszuwerden. Dabei gibt es nur wenige heimische Pflanzenarten mit auffälligeren Blüten als jene der Gattungen *Calystegia* und *Convolvulus*.

Die **Zaun-Winde** (*Calystegia sepium*) macht ihrem Namen alle Ehre; wir finden sie an Zäune gewunden, in Hecken oder am Rand von Pflanzbeeten. Schon die pfeilförmigen Blätter bestechen durch ihre einzigartige Geometrie, und ihre reinweißen Blüten sind nicht nur für Käfer und Nachtfalter, sondern auch für den Menschen von besonderem optischem Reiz. Trotzdem widersprechen die Ranken in geschnittenen Hecken, an den Stämmchen von Sträuchern und an Zäunen nicht selten der Vorstellung eines geordneten und gepflegten Grundstücks. Die Schlingpflanzen mit langen, mehrjährigen Rhizomen sind nur schwer zurückzudrängen, wenn man sie nicht haben will. Ganz ähnlich sieht ihr die **Wald-Winde** (*C. sylvatica*). Diese Art ist durch größere Blüten und aufgeblasene Blütenkelche eine äußerst auffällige Erscheinung und breitet sich in Zürich und einigen weiteren Städten aus. Als Zierpflanze ist sie aus dem Mittelmeerraum in die urbanen Gebiete Mitteleuropas gekommen.

Wald-Winde (*Calystegia sylvatica*) mit aufgeblasenen Kelchblättern.

Am Boden, auf Brachflächen oder auch gern an Wegrändern mit verdichteten Böden finden wir die **Acker-Winde** (*Convolvulus arvensis*) mit ihren weißen, rötlichen oder rot-weiß gemusterten Blütenkelchen. Sie wächst an sonnigen Stellen auch in Rasenflächen, auf denen man manchmal die spezialisierten Raupen und auch die Falter des Ackerwinden-Bunteulchens (*Emmelia trabealis*) entdecken kann. Es gibt auch auf diese Winden spezialisierte Wildbienenarten, die Keulhornbienen (*Systropha*), die jedoch sehr selten sind.

Aus der gleichen Gattung stammt auch die farbenfrohe **Dreifarbige Winde** (*C. tricolor*) aus Nordafrika, die gelegentlich in annuellen Blumenmischungen ausgesät wird und sich manchmal einige Jahre halten kann.

Zunehmender Beliebtheit erfreuen sich Zier- oder **Prunkwinden** der Gattung *Ipomoea*. Als einjährige Zierpflanzen eingesät, prägen sie mit roten, blauen oder violetten Blüten und dicht rau behaarten Trieben inzwischen viele Orte in den Innenstädten. Vielfach gehören die in Städten verwilderten Pflanzen, die an Mauern, Straßenlaternen, Hecken und Bäumen hochklettern, zur Art der **Purpur-Prunkwinde** (*I. purpurea*). Wie viele Arten der Gattung stammt auch die Purpur-Prunkwinde aus Mexiko und Mittelamerika.

Prunkwinden sind uns auch aus der Küche bekannt: Die Süßkartoffel (*I. batatas*) ist eine wärmeliebende Art dieser Gattung.

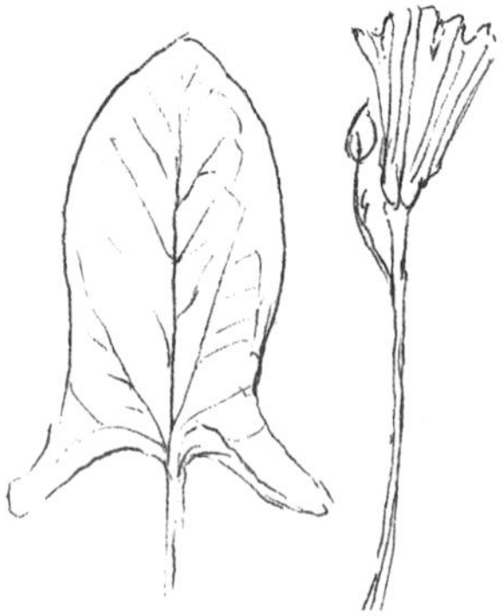

Skizze: Acker-Winde (*Convolvulus arvensis*).

Links die Zaun-Winde (*Calystegia sepium*), darunter die Dreifarbige Winde (*Convolvulus tricolor*); rechts die rosarote Acker-Winde (*C. arvensis*) mit Bunteulchen sowie darunter die Purpur-Prunkwinde (*Ipomoea purpurea*).

Von Winzlingen und Riesen

KNÖTERICHE

Im Spätsommer und im Herbst prägen die roten und weißen Blüten der Knöteriche die Stadtlandschaft. Wir finden sie kleinwüchsig in Fugen oder zu übermannshohen Stauden herangewachsen auf Brachen und an Gewässern.

Eine häufige und weitverbreitete Artengruppe sind die **Vogel-Knöteriche** (*Polygonum aviculare* agg.). Sie sind die kleinsten unter den Knöterichen und leben an Bordsteinen, auf Trittfluren, auf unversiegelten Wegen, im Kies, in geschorenem Rasen, sind aber auch auf Baustellen und Brachen anzutreffen. Der Vogel-Knöterich wird je nach Autor oder Autorin in verschiedene Arten unterteilt, in Unterarten gegliedert oder als Aggregat (agg.) aus mehreren Kleinarten behandelt. Manche sind wenige Zentimeter hoch, die Blätter schmal-lanzettlich, sich in Ritzen von Pflastersteinen versteckend. An gut gedüngten sowie an schattigen Standorten kann der Vogel-Knöterich bis zu 50 Zentimeter hoch werden, die Blätter sind breiter und größer, die Blüten auffälliger. Eine korrekte Artabgrenzung bleibt dabei der besonderen Expertise vorbehalten; alleine in der Schweiz werden bis fünf Arten unterschieden.

Beliebt sind sie bei den Sperlingen wie dem Haussperling (*Passer domesticus*) und anderen Finkenvögeln, die im Herbst die Samen von den Pflänzchen an Wegen und Straßenrändern aufpicken.

Vom kleinsten zum größten: Besonders bekannt ist unter den Knöterichen eine verwilderte Art, der **Japanische Staudenknöterich** (*Reynoutria* oder *Fallopia japonica*). Rasant breitet er sich quer durch Mitteleuropa und auch in vielen anderen gemäßigten Klimata der Welt aus. Mit seinem raschen Wachstum bildet er –

Vogel-Knöterich (*Polygonum aviculare agg.*) in einer Pflasterfuge.

Links der Vogel- (*Polygonum aviculare*) und der Pfirsichblättrige (*P. persicaria*) Knöterich; rechts der Sachalin-Staudenknöterich (*Reynoutria sachalinensis*), darunter der Ampfer-Knöterich (*P. lapathifolia*).

gerade an begradigten Flussläufen mit überdüngten Ufern – mancherorts dichte Bestände. Dass die Art in der Küche eine Delikatesse ist, sich zum Reinigen belasteter Böden eignet und aus ihr wirksame pflanzliche Medizin hergestellt werden kann, hat ihren schlechten Ruf nicht maßgeblich bessern können. Wie Rhabarber – übrigens auch ein Knöterichgewächs – lassen sich die frischen Stängel im Frühling zu hervorragendem, würzig-saurem Kompott verarbeiten. Die Wurzeln konnten sich mit Baustellenaushub und entlang von Gewässern so effektiv verbreiten, dass der Knöterich mittlerweile mit Baggern und Totalherbiziden bekämpft wird. In Städten finden wir ihn, ebenso wie den ähnlichen, chinesischen **Sachalin-Staudenknöterich** (*R. sachalinensis*), besonders entlang wenig genutzter Bahnanlagen, auf Brachflächen, an Gewässerufern und in Industriegebieten. Mancherorts trifft man auch die Hybride der beiden Arten, den **Böhmischen Staudenknöterich** (*R. × bohemica*). Entstanden ist diese Art in Europa, wo die beiden Elternarten nebeneinander wachsen.

Häufige spätblühende Knöteriche auf gut gedüngten Restflächen der Stadt sind daneben der Floh- oder **Pfirsichblättrige Knöterich** (*Persicaria maculosa*) mit roten oder grünlich-weißen Blüten, der **Ampfer-Knöterich** (*P. lapathifolia*) sowie der kleinere **Milde Knöterich** (*P. dubia*).

Skizzen: Vogel- und Pfirsichblättriger Knöterich.

Von drei Kontinenten

VERBENEN

Den Verbenen, deren Arten als Zier-, Tee- und Heilpflanzen bekannt sind, begegnen wir im urbanen Raum regelmäßig als Teil der charakteristischen Wegrandflora sowie als spontan verwilderte Gartenpflanzen.

Verbena officinalis, eine alte Heilpflanze, kommt in Mitteleuropa schon seit der Pfahlbauzeit in der Umgebung von Siedlungen vor. Das **Echte Eisenkraut** ist eine Wegrandpflanze, die auch gerne auf verdichteten, etwas feuchten Böden wächst. Wir finden das zierliche, reich verzweigte Kraut in Städten gelegentlich in Fugen oder an Straßenrändern. Kultiviert wird es seit Langem in Heilpflanzengärten als Heilkraut für Frauen, und es ist auch Bestandteil von Erkältungstees.

Heute ist die Art fast weltweit verbreitet, natürlich kam sie in Afrika bis in den mediterranen Raum vor. Eingebürgert wächst die Verbene in vielen klimatisch geeigneten Regionen Ozeaniens und der Neuen Welt. Von dort stammen die anderen Arten, die wir heute in den Städten finden können. Die erste Art kommt aus dem Süden Chiles und Argentiniens und hat sich erst vor Kurzem als Zierpflanze in den Gärten etabliert: Das **Patagonische Eisenkraut** (*Verbena bonariensis*) ist mit seinen leuchtend violetten Blüten als beständiger Selbstaussäher in trockenen Böden zum beliebten Spätsommerblüher und Schmetterlingsmagneten avanciert. Seinem einzigartigen Habitus mit den kompakten, intensiv violetten Blütenköpfchen auf langen, wenig beblätterten Stängeln ist sein Erfolg als Zierpflanze zu verdanken. Heute finden wir das Patagonische Eisenkraut regelmäßig in den Städten; es kann

Argentinisches oder Patagonisches Eisenkraut (*Verbena bonariensis*).

Links das Lanzen-Eisenkraut (*V. hastata*), verwildert auf einer Baustelle; rechts oben das Echte Eisenkraut (*V. officinalis*) und unten das Patagonische Eisenkraut (*V. bonariensis*).

selbst in kleinsten Ritzen wieder keimen, wächst aber auch auf Brachen und Baustellen. Ebenfalls in Fugen verwildernd, wurde das südamerikanische **Steife Eisenkraut** (*V. rigida*) in Mitteleuropa gefunden. Aus Südamerika stammt auch die aromatische, als Tee beliebte Zitronenverbene (*Aloysia citrodora*), die aus der gleichen Pflanzenfamilie stammt, aber im mitteleuropäischen Klima selten die Winter überlebt.

Auf feuchten Brachen tritt das hohe **Lanzen-Eisenkraut** (*V. hastata*) verwildert auf. Auch diese Art ist als Zierpflanze beliebt, und man findet Zierformen, deren Blütenfarbe von Weißrosa bis zu einem dunklen Violett reicht. Sie stammt aus Nordamerika.

Skizze und Herbarbeleg: Echtes Eisenkraut (*V. officinalis*).

In Windeseile verbreitet

BERUFKRÄUTER

Seitdem eine neue auffällige Art zu Beginn des neuen Jahrtausends plötzlich von einem beliebten einjährigen Langblüher in Gärten und der Floristik zum gefürchteten invasiven Neophyten umklassifiziert wurde, machen die Feinstrahle oder Berufkräuter viel von sich reden. In Windeseile verbreiten sich die kleinen, flugfähigen Samen durch die urbane Welt.

Dabei sind viele Arten der Gattung *Erigeron*, der Berufkräuter, bei uns heimisch. Insbesondere in hohen Lagen der Alpen finden wir eine große Vielfalt an Feinstrahlen, von denen einige zwergig klein wachsende Alpenblumen sind. In den tiefer gelegenen Regionen ist das **Scharfe Berufkraut** (*E. acris*) neben seinen ursprünglichen Vorkommen in trockenwarmen Flussauen und auf Weiden in Städten, an Wegrändern und auf Kiesböden besonders verbreitet. Nun trotzt es in den Städten der Wärme hitziger Asphaltbeläge und Steinmauern und scheint in dieser Welt besonders gut zurechtzukommen.

Doch in den letzten Jahrzehnten hat sich einiges verändert, inzwischen bilden neue Arten individuenreiche Populationen. Aus der genannten Gattung *Erigeron* hat sich besonders das **Einjährige Berufkraut** (*E. annuus*) aus Nordamerika rasch in Europa an Autobahnrändern, auf Baustellen und an trockenen Standorten begrünter Flachdächer ausgebreitet. Von dort aus hat es auch den Sprung in natürlichere Habitate wie Flussufer oder Trockenwiesen geschafft, weshalb es regional bekämpft wird, um die ursprünglichen Pflanzenkombinationen dieser Standorte zu erhalten. Es kann aber in Kiesgruben, verbrachenden Weiden oder spät gemäh-

Mexikanisches Berufkraut (*Erigeron karvinskianus*) in Freiburg i. Üe.

ten Wiesen im frühen Herbst zur optisch prägenden Art werden. Daher ist die Besorgnis, die Art werde ernsthafte ökologische Schäden anrichten, in Naturschutzkreisen groß. Gleichzeitig warnen Gegenparteien vor Alarmismus und Aktivismus gegen das neue Kraut. Die Debatte wird derweil so emotional geführt, dass es zunehmend schwerfällt, Fakten und unbegründete Ängste auseinanderzuhalten.

So bietet die Art als spätblühendes Asterngewächs verschiedenen Insektengruppen Nahrung. Heimische spätblühende Kompositen wie die Berg-Aster (*Aster amellus*) oder die Färber-Scharte (*Serratula tinctoria*) sind durch die Zerstörung ihrer Habitate vielerorts sehr selten geworden. Neue blühfreudige Arten aus der Verwandtschaft können die »Nektarlücke« teilweise auch für spezialisierte Insekten füllen. Schöner wäre es unbestritten, wir hätten die trockenen Magerwiesen und Flachmoore mit allen ihren angestammten Arten vor ihrer Zerstörung bewahrt. Aber in der heutigen Situation erfüllen diese neuen Blütenpflanzen auch positive Funktionen, gerade an stark durch den Menschen geprägten Standorten. Zwar bilden diese Pflanzen auch ein Reservoir an Samen, die wiederum in ursprünglichere Habitate gelangen können. Doch gedeiht sie auch an jenen Orten, die vom Menschen derart lebensfeindlich gestaltet wurden, dass wir der Zähheit dieser zierlichen Pflanze einige Bewunderung entgegenbringen können.

Besonders südlich der Alpen, inzwischen aber auch an wärmebegünstigten Standorten in Städten in Mitteleuropa breitet sich an Mauern zunehmend das **Mexikanische Berufkraut** (*Erigeron karvinskianus*) aus. Es ist eine beliebte mehrjährige Art in Gärten und verzaubert mit ihren lange blühenden, erst rosaroten und später weißgelben Körbchenblüten triste Wände, Straßenränder und Mauerfüße in Blumenbouquets. Die Blüten werden wie die vieler Berufkrautarten sehr rege von Insekten besucht.

Die zweite Gruppe der Berufkräuter wird meistens in die Gattung *Conyza* gestellt. Frei nach dem Motto »umgangssprachliche Namen ändern sich von Ort zu Ort, botanische von Jahr zu Jahr« werden aber auch hier manche Arten gerne *Erigeron* zugeordnet und wieder zurück.

Links das nordamerikanische Einjährige Berufkraut (*Erigeron annuus*) und rechts das europäische Scharfe Berufkraut (*E. acris*).

Links das weitverbreitete Kanadische Berufkraut (*Conyza canadensis*) und rechts das Südamerikanische Berufkraut (*C. bonariensis*).

Die Gattung *Conyza* ist natürlich besonders in Nord- und Südamerika verbreitet. Diese Pflanzen sind weit weniger auffällig als andere Berufkräuter, da ihre Blüten keine oder nur sehr kleine Strahlenblüten bilden.

Bei uns kommen besonders das **Kanadische** (*C. canadensis*) und das **Südamerikanische Berufkraut** (*C. bonariensis*) vor. Die beiden Arten ähneln sich auf den ersten Blick stark und haben zudem eine sehr variable Wuchsgröße. Anhand ihrer Blütenmorphologie lassen sie sich aber im Detail unterscheiden. Manchmal finden wir sie wenige Zentimeter hoch in feinsten Ritzen eines Asphaltbelags – und dann wieder über zwei Meter hoch auf einem geeigneten, gut gedüngten Standort, einem brach gelassenen Beet oder auf Baustellen.

Daneben sind noch weitere, ähnliche eingeführte Arten in Europa verbreitet, darunter das **Sumatra-Berufkraut** (*C. sumatrensis*).

Skizze: Mexikanisches Berufkraut (*Erigeron karvinskianus*), Herbarbeleg: Südamerikanisches Berufkraut.

Zimmer- und Giftpflanzen

GREISKRÄUTER

Viele Arten aus der Gattung der gelben Korbblütler sind in Mitteleuropa schon lange heimisch und besiedeln alpine Weiden, Hochstaudenfluren, Waldränder, Feuchtwiesen, Flachmoore, Eisenbahnschotter und Ruderalstellen. In den Städten sind dabei vor allem das **Jakobs-** (*Senecio jacobaea*) und **Raukenblättrige Greiskraut** (*S. erucifolius*) auf Ruderalstellen, das **Klebrige Greiskraut** (*S. viscosus*) im Bahnschotter und das neu aus Südafrika eingewanderte **Schmalblättrige Greiskraut** (*S. inaequidens*) entlang der Straßen verbreitet. Das häufige **Gewöhnliche Greiskraut** (S. *vulgaris*) wird in einem eigenen Kapitel behandelt (S. 86 ff.).

Auch als Gartenpflanzen sind einige, inzwischen der Gattung *Ligularia* zugeteilte Greiskrautarten beliebt – oder als Zimmerpflanze, wenn man an die kugelblättrige Erbsenpflanze (*S. rowleyanus* oder *S. herreianus*) und die ebenfalls sukkulente *S. serpens* denkt.

In tropischen Gebieten werden Greiskräuter strauch- oder sogar baumförmig, manche sind Kletterpflanzen. Über 1250 Greiskräuter wurden schon beschrieben, *Senecio* ist eine der arten- und formenreichsten Pflanzengattungen überhaupt. In Mitteleuropa kommen davon etwa 30 vor.

Während die Faszination um diese Vielartigkeit überwiegend spezialisierten Botanikern vorbehalten ist, hat sich vielen Menschen eingeprägt, dass Greiskräuter giftig sind. Sie enthalten Senecionin, ein leberschädigendes und krebsauslösendes Pyrrolizidinalkaloid. Besonders auf Weiden für Kühe und Pferde sind die Greiskrautarten gefährlich. Obschon die Tiere Giftpflanzen generell meiden, kann es bei Futterknappheit zu Vergiftungsfällen

Das Schmalblättrige Greiskraut (*Senecio inaequidens*) am Straßenrand.

Links das Raukenblättrige Greiskraut (*Senecio erucifolius*), darunter das Jakobs-Greiskraut (*S. jacobaea*); rechts das Schmalblättrige Greiskraut (*S. inaequidens*) in dichten Beständen in Basel im Jahr 2014 (so große Bestände sind heute in Schweizer Städten nur noch selten zu finden); darunter das Klebrige Greiskraut (*S. viscosus*) am Gleisfeld des Hauptbahnhofs in Zürich.

kommen. Problematisch wird es erst, wenn eine Weide übernutzt wird; über die Jahre verschwindet so das schmackhafte Grün, und in den Lücken kommen nur noch die gemiedenen Kräuter auf, manchmal in großer Menge Greiskräuter.

Wohl aufgrund seiner Salzbeständigkeit hat sich das **Schmalblättrige Greiskraut** (*S. inaequidens*) aus Südamerika entlang der Autobahnen schnell quer durch Mitteleuropa verbreiten können. Bisher wurden keine Auswirkungen auf die Biodiversität nachgewiesen, auch weil es fast ausschließlich stark durch den Menschen geprägte Lebensräume besiedelt. Befürchtet wurden zu Beginn der Ausbreitung allein in der Schweiz finanzielle Schäden von einer Milliarde Franken sowie sechs Todesfälle pro Jahr durch Vergiftungen mit Alkaloiden in Nahrungsmitteln.

Die Herbizidresistenz macht die Art heute zum »Managementproblem«, etwa auf Bahngleisen, wo kein Bewuchs gewünscht ist. Ein Ärgernis im Unterhalt und trotzdem spannend: Erfolgreich sind vor allem die Pflanzen, die dem Gift der Menschen gewachsen sind. Größere Bestände in Städten sind seit der angeordneten Bekämpfung der Art in der Schweiz selten geworden. Sporadisch finden wir es an Straßenrändern, an Gleisen und auf Brachflächen.

Dufte Pflanzen

BEIFUSS UND WERMUT

Artemis, der Schutzgöttin der Frauen, ist die in der Medizin beliebte Pflanzengattung *Artemisia* gewidmet. Obschon **Beifuße** zu den unauffälligeren Korbblütlern (Asteraceae) gehören, ist ihr charakteristisch intensiver Duft in Spirituosen und als Gewürz in der Küche beliebt. Manche Arten sind als beliebte Zierpflanzen oder als Medikament bis heute von Bedeutung.

In weiten Teilen Mitteleuropas ist nur der **Gewöhnliche Beifuß** (*Artemisia vulgaris*) verbreitet und heimisch. Er kommt traditionell an Wegrändern, an Hecken und auf Weiden vor. Schon vor ihrer weiteren Verbreitung durch den Menschen hatte die Art von Ostasien bis nach Europa eine riesige Verbreitung. Wir finden sie in Städten oft in Baumscheiben, auf Brachen und auf kiesigen Böden. Zum Würzen von Fleischspeisen war die Art früher sehr beliebt. Diesen Zweck erfüllt der Beifuß auch heute noch für kräuterkundige Köchinnen, während er in vielen US-Städten als eine der häufigen eingeführten Arten von selbst ernannten »Weed Warriors« systematisch bekämpft wird. Weitere Arten dieser aromatischen Pflanzenfamilie wurden als Zier-, Heil- und Gewürzkräuter eingeführt – oder zumindest durch das für diese Gattung meist günstige Stadtklima gefördert.

Der **Estragon** (*A. dracunculus*) hat den Weg in die Kräutergärten aus Asien gefunden. Auch heute ist er in Salaten und vielen warmen Gerichten ein beliebtes Würzkraut. Estragon ist zwar nicht häufig als Wildpflanze anzutreffen, kommt aber gerade im städtischen Umfeld durchaus entlang von Straßen oder auf Brachflächen auch

Zweijähriger Beifuß (*Artemisia biennis*) auf einer feuchten Ruderalfläche in Zürichs Stadtteil Oerlikon.

verwildert vor. Man erkennt ihn an den schmal-lanzettlichen Blättern, die im Gegensatz zum Gewöhnlichen Beifuß nicht geteilt sind. Typisch ist außerdem sein charakteristischer Duft.

Als Rauschmittel hat die auf dem **Wermut** (*A. absinthium*) beruhende Spirituose Absinth, die »Grüne Fee«, eine neblige Vergangenheit. Aufgrund des in einigen Beifußarten enthaltenen Thujons, das im Wermut und dem angepflanzten **Pontischen Beifuß** (*A. pontica*) in besonders großen Mengen vorkommt, wirkt Absinth halluzinogen und kann Wahnvorstellungen auslösen. Nachdem Absinth besonders in der Künstlerszene Frankreichs und der Westschweiz zur problematischen Droge wurde, setzte ein Verbot des Absinths im 19. Jahrhundert dem Konsum Grenzen. Heute sind für alkoholische Getränke verbindliche Thujongrenzwerte festgelegt worden, und die Spirituose Absinth ist wieder erhältlich. Wir finden die weißfilzige Beifußart, die trockene Böden liebt und der auch kalte Winter nichts anhaben können, in Industriegebieten und auf Brachen.

Diverse weitere Arten aus Osteuropa und Asien kommen besonders gut mit dem Stadtklima zurecht. Als Heilmittel gefragt ist der **Einjährige Beifuß** (*A. annua*), der bis heute als Medizin gegen Malaria eingesetzt wird. Die Art duftet besonders aromatisch und bevorzugt warme Standorte, etwa gut besonnte Schuttflächen in Industriegebieten. Wir finden diesen kurzlebigen Beifuß nur sporadisch nördlich der Alpen, während sich etwa im Tessin bereits große Bestände eingebürgert haben.

Ebenfalls aus dem Osten kommt der inzwischen weitverbreitete **Verlotsche Beifuß** (*A. verlotiorum*) mit seinem intensiven Kampferaroma. Er sieht dem heimischen Gewöhnlichen Beifuß sehr ähnlich, kann aber anhand der überhängenden Blütenstände, des intensiven Dufts und der langen, unterirdischen Ausläufer von diesem unterschieden werden.

Eine Art mit besonderen Habitatansprüchen ist der **Zweijährige Beifuß** (*A. biennis*); er präferiert wechselfeuchtes Brachland. Solche Standorte sind in manchen Regionen Mitteleuropas selten und verschwinden oft schnell und ohne Ersatz wieder, weshalb wir diese ursprünglich aus dem Osten Europas und Asien stam-

Links oben der Einjährige Beifuß (*Artemisia annua*), darunter der Verlotsche Beifuß (*A. verlotiorum*); rechts der Wermut (*A. absinthium*) und der Gewöhnliche Beifuß (*A. vulgaris*).

mende Art nicht regelmäßig finden können. Aus Frankreich und Belgien ist bekannt, dass sie auch auf feuchten Äckern und in vernässten Autobahngräben auftreten kann.

Der **Besen-Beifuß** (*A. scoparia*) mit seinen grasartig-linealen Blättern hat in der Traditionellen Chinesischen Medizin als harntreibendes Mittel und zum Entgiften Bedeutung. Wegen seines feinen, auf gut gedüngten Böden dichten und grazilen Wuchses ist er auch in Gärten als Zierpflanze beliebt. Er hat eine Präferenz für trockenwarmes Klima und gedeiht auch auf Brachen mit steinigen Böden. Der Besen-Beifuß kommt in den natürlichen Habitaten von Österreich bis weit nach Asien in Trockenrasen und Wegböschungen vor.

Herbarbeleg: Zweijähriger Beifuß (*Artemisia biennis*).
Linke Seite: Besen-Beifuß (*A. scoparia*) in Zürich.

Blattgemüse und Getreide

WILDQUINOA

Im Herbst findet man die Gänsefüße besonders leicht – nicht weil sie zu irgendeiner Jahreszeit auffällig wären, sondern weil die meisten Pflanzen, die leuchtend blühen und mit Farbe und Form die Aufmerksamkeit auf sich ziehen, längst braun und unscheinbar geworden sind. Die optische Konkurrenz ist erloschen und lässt den Blick auf diese unscheinbaren Gewächse wandern.

Ihre fünfstrahligen Blüten sind klein und bereits vielerorts verblüht. Weil sie kaum anders gefärbt sind als die meist graugrünen anderen Pflanzenteile, sind die Melden während der Samenbildung mindestens ebenso interessant. Ihre bevorzugten Habitate beschränken sich überwiegend auf Standorte, die man noch vor Kurzen als »verunkrautet« bezeichnet hätte. Die in Mitteleuropa verbreiteten **Gänsefüße** sind meist einjährige Pflanzen, die spontan auf Baustellen, in ungenutzten Beeten, an Wegrändern oder in den Baumscheiben frisch gepflanzter Bäume aufkommen. *Chenopodium* – so der wissenschaftliche Gattungsname – stehen geradezu symbolisch für frisch umgegrabene, nährstoffreiche Böden und für die kurzfristige Dynamik der Stadtnatur.

Die Gattung aus der Familie der Amaranthgewächse bildet in den Städten einen besonderen Artenreichtum ab. Dies mag nicht auf den ersten Blick auffallen, da viele der Arten derart nah verwandt sind, dass ihre Bestimmung eine besondere Expertise erfordert. Aber im Detail liegt die Faszination für diese Pflanzengattung.

Der **Weiße Gänsefuß** (*Chenopodium album*) ist die am weitesten verbreitete und wohl häufigste Art in der Region. Als vielgestalti-

Baumspinat oder Riesen-Gänsefuß (*C. giganteum*).

ges Aggregat oder Artengruppe werden ihr oft auch der **Feigenblättrige Gänsefuß** (*C. ficifolium*) mit seinen dreiteilig gelappten Blättern und der **Gestreifte Gänsefuß** (*C. strictum*) mit rot gestreiften Stängeln zugerechnet. Der Weiße Gänsefuß ist essbar und unter Wildpflanzenliebhabern als Gemüse geschätzt.

Eine häufige Art nährstoffreicher Standorte ist auch der **Vielsamige Gänsefuß** (*C. polyspermum*). An besonders exponierten Stellen finden wir zudem seltener den wärmeliebenden **Bastard-Gänsefuß** (*C. hybridum*).

Der **Baumspinat** (*C. giganteum*), eine Wildpflanze vom Fuße des Himalajas, hat aufgrund seiner Verwendung in der Küche den Weg in die mitteleuropäischen Städte gefunden. Früher wurde er in Bauerngärten kultiviert, heute hat ihm der Spinat längst den Rang abgelaufen. Wir finden die Pflanze mit den violett bestäubten Blättern immer noch in spezialisierten Gärten sowie – wenngleich nicht häufig – auf nährstoffreichen Ruderalstandorten.

Noch älter ist bei uns der **Gute Heinrich** (*C. bonus-henricus*). Diese ausdauernde Art ist eigentlich für das Stadtklima gar nicht so gut geeignet; wir finden sie nur noch gelegentlich an eher kühlen Standorten, etwa an der Sihl in Zürich oder im Schatten eines alten Baums. Der Gute Heinrich war einst eines der beliebtesten heimischen Gemüse; auch er wurde blanchiert wie Spinat oder als Beigabe in Salate gemischt.

Gänsefüße haben auch auf anderen Kontinenten Tradition in der Küche. So nehmen die Samen von *C. quinoa* in den hohen Lagen der Anden Südamerikas unter dem auch bei uns bekannten Namen »**Quinoa**« bei der indigenen Bevölkerung die Stellung eines Getreides ein. Längst hat es das glutenfreie Pseudogetreide auch in die Läden Europas geschafft, als sogenanntes Superfood und Spezialität, die Salaten oder Müsli beigefügt oder wie Reis zubereitet wird. Quinoa wurde vermutlich aus **Berlandiers Gänsefuß** (*C. berlandieri*) gezüchtet, der heute selten auch in mitteleuropäischen Städten verwildert vorkommt. Auch die Samen vieler anderer Gänsefüße sind essbar, wenngleich der Ertrag sehr klein ist.

Gänsefußarten: links der Vielsamige Gänsefuß (*C. polyspermum*), darunter der Australische Gänsefuß (*C. pumilio*); rechts der Bastard-Gänsefuß (*C. hybridum*) und der Weiße Gänsefuß (*C. album*).

Gänsefußarten: links der Gute Heinrich (*Chenopodium bonus-henricus*), darunter der Feigenblättrige Gänsefuß (*C. ficifolium*); rechts der Baumspinat (*C. giganteum*), darunter Quinoa (*C. quinoa*), in Kultur.

Vögel aber – und auch manche Stadtmaus – sind im Herbst mit dem Wild-Quinoa der Gänsefußsamen gut und reich bedient.

Die weltweit etwa 90 bis 170 Gänsefußarten sind auf allen Kontinenten mit Ausnahme der Antarktis verbreitet. Taxonomisch wird die Gattung bis heute immer wieder überarbeitet und je nach Autorin oder Autor anders aufgestellt.

Eine besondere Geschichte hat der **Klebrige Gänsefuß** (*C. botrys*), der an warmen Standorten in der Südschweiz, aber auch in einigen Städten verbreitet ist. Diese Art war nach dem Zweiten Weltkrieg in Berlin in großer Zahl auf den Schuttflächen und auf Stadtbrachen zu finden, wo sie eine floristische Neuheit darstellte. Ihre Entdeckung hat die Erforschung der wilden Pflanzenwelt Berlins und – inspiriert davon – auch anderer Städte stark angekurbelt. Wie auch der etwas ähnliche, wärmeliebende **Australische Gänsefuß** (*C. pumilio*) wird er heute oft der Gattung *Dysphania* zugeordnet. Letztere Art stammt aus ariden Gebieten Ozeaniens und breitet sich derzeit schnell in Europa aus. Obwohl schon seit mehr als 100 Jahren in Deutschland bekannt, kommen derzeit fast in jedem Jahr Fundmeldungen aus neuen Städten hinzu. Regelmäßig finden wir ihn auf den Wurzelballen frisch gepflanzter Bäume, mit deren Erde seine Samen vermutlich die Reise durch Europa angetreten haben.

Skizzen: Australischer Gänsefuß (*Chenopodium pumilio*) und Weißer Gänsefuß (*C. album*).

Nachwachsender Stoff

FASERPFLANZEN

Sie passen zum herbstlichen Wetter, denn die Stoffe, die man einst aus ihnen hergestellt hat, helfen dabei, die kühle Jahreszeit zu überstehen. Die Rede ist hier von einigen, nicht näher verwandten und aus unterschiedlichen Teilen der Welt stammenden Pflanzenarten, die heute in den Städten Mitteleuropas wachsen. Sie alle sind Faserpflanzen, aus denen Stoffe, Tücher, Stoffsäcke, Seile und Segel hergestellt wurden. Die Verwendung der Baumwolle und später verschiedener Kunstfasern zur Kleidungsherstellung hat eine große Zahl von Pflanzenarten von ihrem Platz in der traditionellen Landwirtschaft verdrängt, manche trifft man heute in den Städten an. Von diesen Arten finden wir zu dieser Zeit die reifen Stängel und die Fruchtstände.

Die bekannteste und verrufenste unter ihnen ist der **Hanf** (*Cannabis sativa*). Faserhanf kam bei der Herstellung von Seilen, Kleidung, aber auch von Segeltüchern und Stoffsäcken zum Einsatz. Hanf ist ein wahres Wundermittel, was seine Verwendung in der Textilindustrie und als Medizinalpflanze anbelangt. Durch das teilweise in hohen Konzentrationen enthaltene Tetrahydrocannabinol (THC) ist er allerdings auch eine psychoaktive Droge. Darum ist die Pflanze vielerorts verboten und nur noch von geringer medizinischer Bedeutung, obschon pflanzenkundige Medizinerinnen nach wie vor von der Heilwirkung des Hanfs überzeugt sind. In den Städten ist sie – zumindest in der Schweiz – parallel zur Legalisierung THC-armer Hanfsorten wieder häufiger geworden. Heute findet man *Cannabis sativa* verbreitet in den Straßen als

Samenstand der Samtpappel (*Abutilon theophrasti*).

Leinarten in der Stadt: oben der blaue Flachs (*Linum usitatissimum*), darunter der rotblühende Rote Lein (*L. grandiflorum*); unten Hanfpflanzen (*Cannabis sativa*) in Wien (links) und Zürich (rechts).

Wildpflanze, ausgesät, mit Vogelfutter ausgebracht und mancherorts auch THC-reiche Sorten illegal angepflanzt.

Auch **Flachs** oder **Saat-Lein** (*Linum usitatissimum*) war einst eine der beliebtesten und wichtigsten Pflanzen der mitteleuropäischen Landwirtschaft. Seine Stängel wurden in Wasser gelegt, gerottet (geröstet) und gebrochen, um die wertvollen Langfasern zu gewinnen. Diese wurden zu hochwertigem Garn und zu Tüchern verarbeitet. Aber der Saat-Lein ist auch eine Ölpflanze, deren Öl aus den kalt gepressten Samen für seinen hohen Anteil an Omega-3-Fettsäuren bekannt ist. In den Städten treffen wir die Art heute fast häufiger an als auf dem Land. Doch auch hier sind die Bestände überwiegend angesät, vielfach einfach der schönen blauen Blüten wegen, die einst ganze Felder in blaue Meere verwandelt haben.

Heute werden auch andere Arten der Gattung gelegentlich angesät und verwildern. So können wir etwa den **Roten Lein** (*L. grandiflorum*) im urbanen Raum spontan antreffen. Der **Ausdauernde Lein** (*L. perenne*) ist eine beliebte Gartenstaude, die wir ebenfalls, wenngleich selten verwildert, an trockenen Orten finden. Der unauffällige, weißblühende **Purgier-Lein** (*L. catharticum*) ist auf wechselfeuchten, eher naturnahen Standorten anzutreffen.

Die **Samtpappel** oder Schönmalve (*Abutilon theophrasti*) ist ein aus Ostasien stammendes Malvengewächs, dessen Stängel zu Fasern verarbeitet werden. Ihre gelben Malvenblüten treffen wir bis in den späten Oktober hinein an. In Europa spielt die Kultivierung nur eine marginale Rolle, während die Pflanze in China seit 4000 Jahren als Faserpflanze verwendet wird. Sie ist zudem wich-

Herbarbeleg: Hanf.

tiger Bestandteil in der Traditionellen Chinesischen Medizin, und aus den Samen wurde Speiseöl gepresst. Das macht sie aber kaum beliebter in den Regionen, in die sie verschleppt wurde. Obschon in Mitteleuropa nur punktuell vertreten, ist sie auf einigen Listen als invasive Art aufgeführt. Besonders in Rübenkulturen bildet sie immer wieder größere Bestände. Auf stark degradierten Böden führen anaerobe Bedingungen und der Bodenumbruch zur plötzlichen Keimung vieler Samen. So kommt es kurzfristig zu großen Beständen, die zu Ertragseinbußen führen können – ein auf vielen Ebenen menschengemachtes Problem. Vielleicht finden wir ja auch in Europa künftig einen nutzbringenden Umgang mit dieser spannenden Art, der sich nicht nur auf ihre Beseitigung beschränkt.

Frucht als Samenstand und Samen der Samtpappel (*Abutilon theophrasti*).
Rechte Seite: Samtpappel in der Innenstadt von Zürich.

Speise, Gift und Zierde

NACHTSCHATTEN-GEWÄCHSE

Nachtschattengewächse sind eine weitverbreitete Pflanzenfamilie, die nur in den trockensten Wüstengebieten und im ewigen Eis fehlen. Einige davon gehören zu den bekanntesten Giftpflanzen. Die **Tollkirsche** (*Atropa belladonna*), das **Bilsenkraut** (*Hyoscyamus niger*) oder die in einem eigenen Porträt vorgestellten Stechäpfel (*Datura* spp., S. 291) stellen einen symbolischen Kontrast zu den Arten dieser Familie dar, die wir bereitwillig als Nahrungs- und Genussmittel, aber auch als Zierpflanzen nutzen.

Denn auch die **Tomate** (*Solanum lycopersicum*), **Paprika** und **Chili** (*Capsicum* spp.), die **Aubergine** (*S. melongena*) und die **Kartoffel** (*S. tuberosum*) gehören zur Familie der Solanaceae. Vor allem die erstgenannte Tomate treffen wir recht häufig verwildert an Straßenrändern an – gelegentlich handelt es sich wohl um die Reste eines Tomatensandwichs oder -salats.

Auf Industriearealen und an den Bahnhofsgleisen mancher Städte weit verbreitet ist auch der **Bocksdorn** (*Lycium barbarum*), eine aus Mittel- oder Ostasien importierte Zier- und Nutzpflanze. Seine getrockneten Beeren haben in den letzten Jahren als »Superfood« unter dem Namen Goji-Beere größere Bekanntheit erlangt. Als Goji-Beeren sind auch die Beeren des Chinesischen Bocksdorns (*L. chinense*) auf dem Markt.

Früchte des Bittersüßen Nachtschattens (*Solanum dulcamara*).

Insbesondere die Tabakpflanzen (*Nicotina* spp.) sind als Genussmittel bekannt, deren verschiedene Arten als Zierpflanzen und Blattdrogen kultiviert werden. Während der Tabakanbau in der Schweiz seit dem Subventionsstopp in den 1990er-Jahren stark zurückgegangen ist, sind die Pflanzen vielerorts aus dem Landschaftsbild verschwunden. Man findet aber bestimmte Arten, etwa den **Bauern-Tabak** (*Nicotiana rustica*), auch heute noch verwildert und angesät in den Städten.

Namensgebend für diese Pflanzenfamilie sind die **Nachtschatten** (*Solanum*), eine Gattung von Pflanzen, die im Herbst kleine, tomatenartige, giftige rote, gelbe oder schwarze Beeren bilden. Inzwischen sind in Europa viele Arten aus aller Welt verbreitet, weshalb hier nur die wichtigsten erwähnt werden. Der sehr häufige **Schwarze Nachtschatten** (*S. nigrum*) blüht bis in den späten Herbst und manchmal bis in den Winter hinein. Als einjährige Ruderalpflanze finden wir diese Art mit ihren schwarzen, kugeligen Früchten zumeist auf frisch umgebrochenen Böden, als Beikraut in Pflanztöpfen, aber auch auf Brachflächen, auf Baustellen und in Pflanzbeeten. Viel seltener finden wir den wärmeliebenden **Argentinischen** (*S. physalifolium*) und den **Gelbfrüchtigen Nachtschatten** (*S. villosum*), die sich beide sehr ähneln, wobei die erste Art orangerote und die zweite grün-genetzte Früchte bildet.

Der **Bittersüße Nachtschatten** (*S. dulcamara*), eine weitere, besonders weitverbreitete Art, ist ursprünglich eine Auenpflanze, die gerne in der Nähe von Gewässern, im Schatten eines Hauses oder eines Baums wächst. Auch weil die Art an der Basis verholzt und viele Jahre alt werden kann, kann sie, einmal etabliert, durchaus an scheinbar ungünstigen Standorten gedeihen. So trifft man den Bittersüßen Nachtschatten auch in Mauerritzen oder in der gleißenden Sonne aus dem Schotter einer Bahntrasse wachsend an. Auffällig sind bei dieser Art nicht nur die violetten Blüten und das oft einzigartig dreigeteilte Laub, sondern auch der Farbverlauf reifender Beeren, der von Grün zu dunklem Rot reichen kann. Obwohl die überreifen Beeren des Schwarzen Nachtschattens besonders in Südosteuropa in der Küche Verwendung finden, gelten Nachtschatten bei uns generell als giftig, da sie teilweise hohe

Links der Wuchs und die Früchte des Schwarzen Nachtschattens (*Solanum nigrum*); rechts oben der Gelbfrüchtige Nachtschatten (*S. villosum*), darunter die Frucht des Argentinischen Nachtschattens (*S. physalifolium*), beide in Zürich, und unten eine Tomatenpflanze am Straßenrand (*S. lycopersicum*).

Links das Schwarze Bilsenkraut (*Hyoscyamus niger*), darunter der Bauern-Tabak (*Nicotiana rustica*) in Zürich; rechts der Fruchtstand und die Blüte der Giftbeere (*Nicandra physalodes*) an verschiedenen Standorten in Zürich.

Links die Lampionblume (*Physalis alkekengi*) in Zürich, darunter der Bocksdorn (Goji; *Lycium barbarum*), der im Hafen von Basel verbreitet ist; rechts oben die Paprikapflanze (*Capsicum annuum*), darunter die Andenbeere (*P. peruviana*).

Solaninkonzentrationen aufweisen. Diese Substanz ist auch in unreifen Tomaten und grünen Kartoffelstellen enthalten, weshalb deren Konsum gelegentlich zu leichten Vergiftungen führen kann.

Das stark giftige **Schwarze Bilsenkraut**, ein altes »Hexenkraut«, ist als ursprünglich wärmeliebende mediterrane Art im letzen Jahrhundert in Mitteleuropa selten geworden. Dass viele neue Funde dieser Art in Städten liegen, mag mit Ansaaten, aber auch mit dem günstigen Klima im urbanen Raum zu tun haben.

Die **Giftbeere** (*Nicandra physalodes*) stammt aus den Anden Südamerikas und ist von Peru bis nach Argentinien verbreitet. Heute beobachten wir sie auf Schuttplätzen städtischer Brachen. Die Giftbeere ist durch ihre auffälligen, violetten Blüten und ballonartig aufgeblähten Blütenkelche eine wahre Zierde vernachlässigter Standorte.

Der botanische Artname *physalodes* verweist auf die Gattung *Physalis*. Bekannt ist die **Andenbeere** (*P. peruviana*) als Beerenobst. Daneben ist die **Lampionblume** (*P. alkekengi*) eine beliebte, im urbanen Raum regelmäßig verwildernde Zierpflanze. Sie bilden beide der Giftbeere ähnliche, aber essbare Beeren in aufgeblasenen Blütenkelchen.

Herbarbeleg: Bittersüßer Nachtschatten (*Solanum dulcamara*).
Linke Seite: Bittersüßer Nachtschatten, Bestand.

Die verbotene Frucht

STECHAPFEL

Die Stechäpfel sind eine Pflanzengattung, die aus dem fernen Asien und aus der Neuen Welt stammt, und zählen ebenfalls zu den Nachtschattengewächsen (S. 283 ff.). Ihren deutschen Namen verdanken sie den bestachelten, kugeligen Früchten, die bei Reife zu vier Teilen aufspringen. Fast schon symbolisch ist der Stechapfel eine »verbotene Frucht«, da wie bei vielen Nachtschattengewächsen die Pflanzenteile der *Datura*-Arten extrem toxisch sind. Wir finden zu dieser Zeit die Früchte der Pflanze sowie mancherorts ihre letzten Blüten.

Insbesondere der **Gemeine Stechapfel** (*Datura stramonium*) ist bei uns heute in Siedlungsnähe und manchmal an Flussufern zu finden. Die Art stammt ursprünglich aus Nord- oder Mittelamerika, ist heute aber in allen klimatisch geeigneten Regionen fast weltweit verbreitet. Es herrscht bis heute keine Klarheit darüber, wann und wie die Art nach Asien gelangt ist – mögliche Belege für die Verwendung als Rauschdroge in Indien weisen viel weiter zurück als in die Zeit der Entdeckung Amerikas durch Kolumbus.

Stechäpfel finden neben ihrer einstigen Bedeutung als Heilpflanze, von der aber inzwischen strengstens abgeraten wird, vor allem als Zierpflanze Verwendung. Die weißen oder hellvioletten, bis etwa sechs Zentimeter langen Blüten sind in der hiesigen Pflanzenwelt einzigartig. Der Gemeine Stechapfel bleibt mit 10 oder 15 Zentimetern Höhe zumeist niedrig, er kann aber an geeigneten Standorten weit größer werden. In vielen Städten können wir ihn selbst in der zentralsten Innenstadt in Fugen und an Straßenrändern finden.

Der Großblütige Stechapfel (*Datura innoxia*) an einem Wildstandort bei Zürich.

Gemeiner Stechapfel (*Datura stramonium*): links die Frucht und darunter der Habitus (in Zürich), oben rechts die Blüte (in Basel).
Unten rechts: hängende Frucht des Großblütigen Stechapfels (*D. innoxia*).

Viel seltener, aber weit eindrucksvoller präsentiert sich der **Großblütige Stechapfel** (*D. innoxia*) auf Brachen oder in Baumscheiben. Er stammt aus Mexiko und hat als Zierpflanze den Weg nach Europa gefunden. Vermutlich hat er wegen seiner kleineren Mengen an Alkaloiden den Artnamen *innoxia* bekommen, was »unschädlich« bedeutet. Trotzdem ist auch hier höchste Vorsicht geboten, ungiftig ist die Art damit keinesfalls. Mit seinen bis zu 20 Zentimeter langen, im Gegensatz zum Gemeinen Stechapfel aufrecht stehenden Blüten, ist die Art eine der auffälligsten kurzlebigen Pflanzen unseres Klimas.

Herbarbeleg:
Großblütiger Stechapfel.

Farbenfrohe Fassadenkletterer

WEIN UND EFEU

Rot leuchten uns die Blätter der **Dreispitzigen Jungfernrebe** (*Parthenocissus tricuspidata*) von den Hausfassaden entgegen. Diese vertikale Begrünung ist für das Stadtklima genauso wertvoll wie für Vögel und andere Tiere, die sie als Lebens- und Nistraum nutzen. Auch die gefiedert-blättrige **Selbstkletternd**e (*P. quinquefolia*) und die **Gewöhnliche Jungfernreb**e (*P. inserta*) können wir regelmäßig in Städten finden. Beim baldigen Fall des Laubs werden die blauen Beeren sichtbar, ein wahrer Schmaus für Vögel. Diesem großen Fressen verdanken die Rebengewächse auch ihre zunehmende Verbreitung außerhalb von Pflanzungen – die Samen keimen überall dort, wo sich die gefiederten Pflanzenverbreiter erleichtern.

Eine zweite Gattung der Rebengewächse sind die **Scheinreben** (*Ampelopsis*). Sie kommen zwar noch selten wild vor, sind aber da und dort in Fugen oder an Gartenrändern verwildert zu finden. Die hier kultivierten Scheinrebenarten werden wegen ihrer türkisblauen und später ultramarinen bis violetten Beeren, die im Reifungsprozess einem seltsamen Farbverlauf folgen, oft »Porzellanbeere« genannt. Auch sie stammen aus Nordamerika und Ostasien. In Europa selbst haben nur sehr wenige klimmende Pflanzen die letzten Eiszeiten überlebt, davor waren sie weit häufiger. Darum finden wir dort, wo Kletterpflanzen für Garten- und Parkgestaltungen eingesetzt werden, hauptsächlich exotische Arten.

Neben den Jungfernreben waren etwa die rankenden Strahlengriffel beziehungsweise Kiwis (Actinidia) vor Millionen Jahren in Europa verbreitet und dürften die Auenwälder zu undurchdringlichen Dschungeln gemacht haben.

Herbstfassade: Dreispitzige Jungfernreben (*Parthenocissus tricuspidata*) in Zürich.

Links Fassaden mit Dreispitziger (*Parthenocissus tricuspidata*) und Gewöhnlicher Jungfernrebe (*P. inserta*); rechts Fruchtstände der Porzellanbeere (*Ampelopsis brevipedunculata*) und der Gewöhnlichen Waldrebe (*Clematis vitalba*).

Selbst die europäische **Wilde Weinrebe** (*Vitis sylvestris*) ist heute eine äußerst seltene Wildpflanze, und der **Hopfen** (*Humulus lupulus*) breitet sich erst in letzter Zeit wieder richtig in Mitteleuropa aus.

Die **Gewöhnliche Waldrebe** (*Clematis vitalba*) wird selten kultiviert, vermutlich aufgrund ihrer kleinen Blüten, vergleicht man sie mit den vielen Kultivaren und eingeführten Arten dieser Gattung. Derzeit fällt sie durch ihre flauschigen Samenstände auf, die im Gegenlicht der Spätherbstsonne einen besonderen Reiz entfalten. Sie ist in manchen Städten, etwa in Berlin, eine typische Stadtpflanze, die außerhalb fehlt; in Zürich ist es genau umgekehrt. Der Grund dafür findet sich in der Bodenzusammensetzung der Städte: Die Waldrebe liebt kalkhaltige Böden, wie sie in bebautem Gebiet recht häufig sind. In Regionen mit kalkreicheren Böden ist die Art außerhalb der Städte typischer, da sie oft im Siedlungsgebiet weniger geduldet wird als in Auwäldern.

Eine weitere im urbanen Raum verbreitete Fassadenpflanze ist der **Efeu** (*Hedera helix*). Als immergrüne Art ziert er auch im Winter die Fassaden mit seinem satten Grün. Dank der späten, nektarreichen Blüte und des reichen winterlichen Beerensegens für die Vogelwelt stellt auch diese Art eine wichtige Nahrungsquelle für Tiere dar. Die in Städten regelmäßig anzutreffende Efeu-Seidenbiene (*Colletes hederae*) lebt fast ausschließlich von ihren Blüten.

Das Efeu bildet Jugend- und Altersformen, die sich in Bezug auf die Blattform und die Bildung von Haftwurzeln unterscheiden. Zudem finden wir in einigen Städten den seltsamen **Efeu-Würger** (*Orobanche hederae*), eine auf dem Efeu parasitierende Pflanzenart mit faszinierendem, chlorophylllosem Habitus.

Skizze: Blatt der Gewöhnlichen Jungfernrebe (*Parthenocissus inserta*).

Efeu (*Hedera helix*): links: Habitus mit Blüte (September bis Anfang November); rechts: Efeu-Seidenbiene, darunter die Jugend- und Altersform der Blätter sowie die Früchte im Winter.
Linke Seite: Efeu-Würger (*Orobanche hederae*), fotografiert zur Blütezeit im Hochsommer. Derzeit finden wir die ebenfalls braunen Samenstände der Art.

Zweit- und Drittblüte

LÖWENZAHN UND GÄNSEDISTEL

Jetzt, im späten November, ist nach Bestimmungsbuch die Blütezeit fast aller Pflanzenarten zu Ende. Trotzdem findet man unter den Wildpflanzen, besonders in den Städten, immer wieder blühende Exemplare. Es passiert gar nicht so selten, dass Arten, deren Blütezeit nach der Fachliteratur im Sommer, vielleicht auch schon im Frühling war, im Spätherbst oder Winter plötzlich nochmals Blüten bilden. In der Blumenzucht setzt man das gezielt ein, indem durch den Einsatz von Licht und Wärme Pflanzen außerhalb ihrer Saison zur Blüte gebracht werden.

Die Blütenbildung kann zudem bei mehrmals blühenden (remontierenden) Arten durch das Wiederaufwachsen nach einem Schnitt, durch längere Tageshelle und durch mildes Herbstwetter ausgelöst werden – und das auch im Winter wärmere Stadtklima unterstützt dieses Phänomen selbst ganz ohne Schnitt. Zu den Arten, die häufig eine weitere, späte Blüte bilden, gehören der **Löwenzahn** (*Taraxacum* sect. *Ruderalia*), die **Knopfkräuter** (*Galinsoga* spp.), die **Kohl-Gänsedistel** (*Sonchus oleraceus*) sowie das **Schöllkraut** (*Chelidonium majus*) und viele weitere.

Es wird darüber diskutiert, ob damit die Gefahr für die Pflanzen einhergeht, dass sich der Blütezeitpunkt nicht mehr mit der Flugzeit der bestäubenden Insekten decken könnte. In Zeiten klimatischer Veränderungen könnte sich allerdings genau dadurch auch ein Vorteil für diejenigen Arten ergeben, die sich besser an

Novemberblüte eines Löwenzahns (*Taraxacum* sect. *Ruderalia*).

Novemberblüte: links das Gewöhnliche Bitterkraut (*Picris hieracioides*) in Basel, darunter das Schöllkraut (*Chelidonium majus*); rechts das regelmäßig verwildernde Färber-Mädchenauge (*Coreopsis tinctoria*), in der Mitte der Gewöhnliche Reiherschnabel (*Erodium cicutarium*), unten das Behaarte Knopfkraut (*Galinsoga ciliata*).

neue klimatische Verhältnisse anpassen können. Eine längere Vegetationsphase bedeutet mehr Energie, eine längere Blütezeit und – sofern diese erfolgreich ist – mehr Nachkommen. Arten, die sich den klimatisch einzigartigen Städten anpassen können, sind auf eine urbane Zukunft besonders gut vorbereitet.

Skizzen: Links die Kohl-Gänsedistel (*Sonchus oleraceus*); rechts Blüte und Blatt des Löwenzahns (*Taraxacum* sect. *Ruderalia*).

Dem Western entsprungen

STEPPENROLLER

Wir kennen sie aus den Western, als Teil der Darstellung der öden Wüstenlandschaft, kugelig runde, abgetrocknete Pflanzenskelette, in Windböen über die trockenen Böden des Mittleren Westens verweht.

Hinter dieser Windverfrachtung ganzer Pflanzen, die fachsprachlich als Chamaechorie bezeichnet wird, steckt eine Verbreitungsstrategie von Pflanzenarten, deren ursprüngliches Verbreitungsgebiet zumeist windig, weitläufig und eben ist. Die Samen verteilen sich auf diese Weise nur langsam über die Landschaft. Der starre, zuletzt kugelige Gesamthabitus fängt den Wind ein, weist meist ein einjähriges Wachstum auf und beinhaltet Samen, die sich nicht beim ersten Schütteln gleich von der Pflanze lösen. Dies sind die wichtigsten Merkmale einer Verbreitungsstrategie, die sich in verschiedenen Pflanzenfamilien parallel entwickelt hat.

Die aus Western bekannten »Tumbleweeds« stammen dabei ursprünglich aus Europa; es handelt sich um Salzkräuter der Gattung *Salsola* oder *Kali* spp. Aus ihrem ursprünglich osteuropäisch-asiatischen Verbreitungsgebiet wurde das **Kali-Salzkraut** (*Kali tragus*) im 19. Jahrhundert auch nach Nordamerika eingeführt, wo es an Straßenrändern, auf Schuttstellen und auf Prärieflächen wächst. Auch in Basel oder im inneralpinen Wallis in der Schweiz kann die Art angetroffen werden.

Andere Arten mit dieser Verbreitungsstrategie findet man im urbanen Raum; etwa der aus Asien nach Europa eingeführte **Schmalflügelige Wanzensame** (*Corispermum intermedium*), der in

Skizze: Trauben-Gamander (*Teucrium botrys*).
Linke Seite: Verwehte Samenstände des Trauben-Gamanders.

Bilder zur Sommerzeit: links oben die Blüte der Sicheldolde (*Falcaria vulgaris*) an einem Straßenrand in Prag, in der Mitte das Kali-Salzkraut (*Kali tragus*) und unten die Blätter des Feld-Mannstreus (*Eryngium campestre*) in der Innenstadt von Bordeaux; rechts oben der Trauben-Gamander (*Teucrium botrys*) in Zürich und darunter der Weiße Amaranth (*Amarantus albus*) auf dem Bahnhof in Genf.

den Hafenanlagen Hamburgs wächst. Ähnlich dem Salzkraut bildet auch der von Nordamerika nach Europa verfrachtete **Weiße Amaranth** (*Amaranthus albus*) an geeigneten Standorten einen kugeligen, im Wind wehenden Wuchs. Er ist beispielsweise auf größeren Bahnhöfen anzutreffen.

Auch bei den Doldenblütlern gibt es Arten, die für die Windverbreitung geeignete Samenstände ausbilden, etwa das **Feld-Mannstreu** (*Eryngium campestre*). In Mitteleuropa ist es mit wenigen Ausnahmen eine sehr seltene Art, die man aber in Italien und im atlantischen Frankreich auch in urbanen Habitaten finden kann. In Mitteleuropa ebenso selten, aber in Osteuropa in Städten regelmäßig anzutreffen ist die **Sicheldolde** (*Falcaria vulgaris*), ein feingliedriger Doldenblütler, dessen herbstliche Fruchtstände gerne vom Wind verweht an neue Orte gelangen.

In den Städten gehören zudem häufig Pflanzen, die auf begrünten Flachdächern wachsen, zu den durch den Wind verbreiteten Arten. Mit diesem gelangen sie in die Straßen und können sich auf diese Weise immer wieder neu in den Fugen ansiedeln. Ein Beispiel ist der **Trauben-Gamander** (*Teucrium botrys*), der in Zürich noch in den 1990er-Jahren als ausgestorben galt und heute wieder fester Bestandteil der Wegrandflora ist. Die Kernpopulationen liegen zumeist auf Dächern mit extensiver Dachbegrünung, da die Art in Saatmischungen enthalten ist. Die Samenstände der einjährigen Art finden sich dann – verweht von den Dächern – im späten Herbst oft in großer Zahl an windgeschützten Orten in den Straßen. Und auch die ursprünglich in Nordamerika beheimatete **Haarästige Rispenhirse** (*Panicum capillare*) gelangt regelmäßig von den grünen Dächern mit dem Wind in die Straßenschluchten.

Skizze: Haarästige Rispenhirse (*Panicum capillare*).

Futter für die Vögel

KÖRNER UND SAMEN

Dass die Vögel eine wichtige Rolle bei der Verbreitung von Pflanzen spielen, weiß man schon lange, beispielsweise weil Holundersträucher oft unter Bäumen wachsen, auf denen Vögel rasten, die Holunderbeeren fressen, oder weil die Mispeln (*Viscum*) irgendwie von einem Baum zum anderen gelangen müssen. In der Stadt tritt dieses Phänomen allerdings seltener auf, da viele der hier verbreiteten Vögel eher zu den Körner- und Samen- als Beerenfressern zählen. Viele Beerensamen überstehen zwar die Passage durch den Vogeldarm, sind aber oft zu großkörnig, um in Belagsritzen wachsen zu können. Im Winter werden die Vögel dafür gefüttert. Und Vogelfutter hat sich zu einem ganz neuen Verbreitungsweg von Pflanzen entwickelt, wie wir gut anhand der urbanen Vegetation ablesen können.

Dort wo Vogelfutter ausgestreut wird, finden wir im folgenden Jahr oft eine spezifische Zusammensetzung von Pflanzenarten in der Umgebung. Selten werden alle Samen von den Vögeln erwischt, sodass diese Pflanzenembryos häufig im nächsten Frühling keimen können.

Vogelfuttermischungen enthalten meistens einen vergleichsweise großen Anteil an Sonnenblumenkernen der Einjährigen **Sonnenblume** (*Helianthus annuus*) sowie Getreide, oft **Weizen** (*Triticum*) und **Hafer** (*Avena sativa*) sowie **Hirsearten** (*Panicum miliaceum* oder *Sorghum* sp.), die in einem eigenen Kapitel besprochen wurden (S. 235 ff.). Ebenfalls anderweitig erwähnt sind die Faserpflanzen **Lein** (*Linum usitatissimum*) und **Hanf** (*Cannabis sativa;* S. 277 ff.),

Skizzen: Weizen-, Sonnenblumen- und Hirsesamen.
Linke Seite: Einjährige Sonnenblume (*Helianthus annuus*).

deren städtische Bestände zumindest teilweise aus Vogelfutter stammen. Auch die fettreichen Samen von **Rübsen** (*Brassica rapa*) oder **Mais** (*Zea mays*) werden oft beigemischt und bleiben keimfähig.

Gelegentlich beinhaltet Vogelfutter auch Samen des zierlichen **Kanariengrases** (*Phalaris canariensis*). Diese Grasart ist über Vogelfutter und als Zierpflanze eingeführt worden und heute regelmäßig in Städten anzutreffen.

Über das Vogelfutter wurden aber auch ungewollte Pflanzenarten in den besiedelten Gebieten verbreitet. Am bekanntesten ist eine nordamerikanische **Ambrosienart,** *Ambrosia artemisiifolia*. Weil Ambrosienpollen allergische Reaktionen auslösen können, wurde die Pflanze stark bekämpft. Heute ist die Art nur noch regional anzutreffen. Die Ambrosie ist ein häufiges Beikraut von Sonnenblumenkulturen in Nordamerika. Mit deren Samen ist sie im Vogelfutter zu uns gekommen.

Seitdem im südlichen Europa, wo die Bekämpfung durch den Menschen weniger effektiv verlaufen ist, der Blattkäfer *Ophraella communa* die Pflanzen befällt, ist sie auch dort stark im Rückgang begriffen.

Flachssamen (*Linum usitatissimum*) und Hanfsaat (*Cannabis sativa*).
Herbarbeleg: Kanariengras (*Phalaris canariensis*) und Saat-Hafer (*Avena sativa*).

Links die Ambrosie (*Ambrosia artemisiifolia*) in der Innenstadt von Zürich, darunter das Kanariengras (*Phalaris canariensis*); rechts Taubenfütterung mit Pflanzensamen am Strassenrand und Weizen (*Triticum aestivum*) aus ausgestreutem Vogelfutter, alles Bilder aus dem Sommer.

Eingehakt und angeheftet

KLETTEN

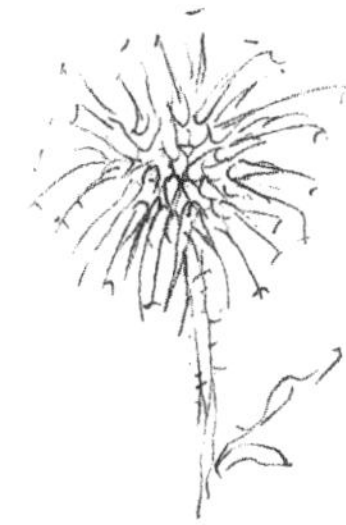

Wer kennt sie nicht, die kleinen, hakigen Samen mancher Pflanzenarten, die nach einem Spaziergang in der Vegetation kaum mehr von Kleidern oder aus dem Fell des Hundes zu entfernen sind.

Ursprünglich sind Pflanzen mit haftenden Samen und Fruchtständen hauptsächlich entlang der Wildwechsel im Fellkleid wilder Tiere verbreitet worden; diese Form der Verbreitung wird als Epichorie bezeichnet. Das ist praktisch, da viele dieser Pflanzenarten Licht brauchen und nicht im dunklen Wald überleben können. Das Wild sucht stets Lichtungen auf, auf denen besser erreichbare Pflanzennahrung wächst: Dicht in feine Haken gepackt, gelangen die Pflanzensamen so von Lichtung zu Lichtung durch den dunklen Wald und profitieren zudem von den geöffneten und von Exkrementen gedüngten Böden auf den Wildwechselpfaden.

Später haben auch die Menschen diese Funktionen übernommen: Offene Flächen, Düngung und der mögliche Verbreitungsradius haben mit der Entwicklung neolithischer Siedlungen sowie dem ersten Ackerbau stark zugenommen. Und seither haben sich diese Faktoren weiter exponentiell entwickelt, sodass die darauf spezialisierten Arten noch erfolgreicher geworden sind. Heute finden wir viele weitere Arten dieser Gruppe als Kulturfolger in den Städten.

Dass zwischen dieser Verbreitungsstrategie und menschlichen Siedlungen seit Langem eine Verbindung besteht, lässt sich gut am botanischen Namen der **Echten Nelkenwurz** ablesen: *Geum urbanum*. Es handelt sich also um eine urbane Pflanze, deren Samen im Gegensatz zu den anderen heimischen Nelkenwurzen

Skizze: Nelkenwurz (*Geum urbanum*).
Linke Seite: Den Gewöhnlichen Klettenkerbel (*Torilis japonica*) findet man im Halbschatten.

Sommerbilder: links der Hunds-Kerbel (*Anthriscus caucalis*) und darunter der Gewöhnliche Odermennig (*Agrimonia eupatoria*); rechts das Kletten-Labkraut (*Galium aparine*) und darunter die Kleine Klette (*Arctium minus*).

mit feinen Haken an Kleidern anhaften. Die anderen Nelkenwurzen findet man an Gewässern und im Gebirge – an Orten also, an denen die Wind- und die Wasserverbreitung deutlich bessere Strategien darstellen. Entsprechend haben ihre Samen keine Haken, dafür sind sie mit langen Haaren ausgestattet, mit denen sie weit im Wind verfrachtet werden.

Bekannte Vertreter in den Städten Mitteleuropas sind die Kletten. In dieser Gattung finden wir die **Große** (*Arctium lappa*) und **Kleine Klette** (*A. minus*) häufig im urbanen Raum. Im Osten werden sie durch die **Filzige Klette** (*A. tomentosum*) abgelöst. Die Kletten sind eindrucksvolle, meist zweijährige Stauden, deren Blütenköpfe mit Hunderten kleiner Widerhaken besetzt sind. Die Fähigkeit, sich mit diesen Haken anzuheften, hat sie nicht nur – inzwischen weltweit – zum evolutionären Erfolgsmodell gemacht, sondern auch zum kulturellen. Am Beispiel der Klette wurde der Klettverschluss entwickelt, wie man ihn heute an vielen Textilien findet.

Unter den Körbchenblütlern finden sich auch Arten, deren Samen selbst so gestaltet sind, dass sie sich in Fasern verhaken können. Unter den Stadtbewohnern gehören dazu insbesondere die nach ihren Samen benannten Ringelblumen (*Calendula*), deren äußerster Samenkranz ebendiese Funktion übernehmen kann. In den Städten wachsen zwei Arten dieser Gattung: die kleine heimische **Acker-Ringelblume** (*C. arvensis*), die man da und dort aus Wildkräutermischungen ausgesät findet, sowie die mediterrane **Garten-Ringelblume** (*C. officinalis*), die für ihre Heilwirkung in Salben und anderen Hausmitteln bekannt ist.

Umgangssprachlich ebenfalls mit dem Namen »Klette« versehen, finden wir das **Kletten-Labkraut** (*Galium aparine*) verbreitet an nährstoffreichen Orten. Bei ihm sind nicht nur die Früchte, sondern auch die Stängel und Samen derart dicht mit Widerhaken besetzt, dass man beim Vorbeigehen oftmals ganze Pflanzenstängel verträgt.

In die gleiche Gruppe gehören auch die Odermennige mit ihrer häufigsten Art, dem **Gewöhnlichen Odermennig** (*Agrimonia eupatoria*). Auch die Früchte dieses in der Heilkunde bekannten Rosengewächses haken sich gerne an Kleidern an.

Eine weitere Gruppe von Pflanzenarten, bei der die Verbreitung durch Widerhaken von großer Bedeutung ist, sind die Doldenblütler. Besonders bekannt und häufig ist die **Möhre** (*Daucus carota*). Als Wildart wächst sie in Städten überall, an Straßenrändern, in trockenen Wiesen, in Baumscheiben und auf Brachen (S. 230 ff.).

Aber auch Seltenheiten wie die zierende **Strahlen-Breitsame** (*Orlaya grandiflora*) hat durch Einsaaten einen Lebensraum in der Stadt gefunden.

Den seltenen **Hunds-Kerbel** (*Anthriscus caucalis*) finden wir heute ebenfalls an Straßenrändern in den Städten. Er sieht den Klettenkerbeln (*Torilis* spp.) ähnlich. Der **Acker-Klettenkerbel** (*T. arvensis*) bevorzugt trockenwarme Brachen in der Stadt, der **Gewöhnliche Klettenkerbel** (*T. japonica*) Parkanlagen und stadtnahe Waldränder.

1. Wilde Möhre (*Daucus carota*); 2. Acker-Hahnenfuß (*Ranunculus arvensis*); 3. Wald-Klettenkerbel (*Torilis japonica*); 4. Gewöhnlicher Odermennig (*Agrimonia eupatoria*); 5. Kletten-Labkraut (*Galium aparine*); 6. Garten-Ringelblume (*Calendula officinalis*).

Große Klette (*Arctium lappa*), die klettenden Fruchtstände im Winter.

044 241 40 40
P

Lichtspiel und Winterblätter

LAUBBÄUME

In Städten halten sich die Blätter der Bäume länger als in der umliegenden Landschaft. Besonders auffällig ist dieses Phänomen direkt unter den nächtlichen Lichtkegeln von Straßenlaternen, an denen die Blätter eigentlich sommergrüner Bäume, beispielsweise von **Hänge-Birken** (*Betula pendula*), **Rosskastanien** (*Aesculus hippocastanum* und *A.* × *carnea*) oder auch **Robinien** (*Robinia pseudoacacia*), oft bis ins neue Jahr an den Bäumen hängen bleiben. Manchmal können wir sogar eine zweite (oder sogar dritte) Blüte mitten im Winter beobachten, die nur die beleuchteten Zweige betrifft.

Der Austrieb im Frühling und der Laubwurf im Herbst sind bei vielen Gehölzen stark an die Tageslänge gebunden. Das ist beispielsweise der Grund, warum **Buchen** (*Fagus sylvatica*) jedes Jahr Ende April austreiben – mit Abweichungen von nur einigen Tagen. Um solche Prozesse auszulösen, werden in der Regel bestimmte Stoffe in den Zellen bei Licht auf- und bei Dunkelheit abgebaut. Erreicht die Stoffkonzentration eine bestimmte Schwelle, treiben Blätter aus, es entwickeln sich Blüten oder es werden andere für das Wachstum wichtige Prozesse ausgelöst.

Während also die Buche den Laubaustrieb primär über die Tageslänge steuert, gibt es andere Arten, deren Blattaustrieb mehrheitlich mit der Temperaturentwicklung zusammenhängt. So treiben etwa Rosskastanien in warmen Jahren viel früher aus als in kalten. Ganz ähnlich ist es mit dem Laubwurf. Viele Baumarten regulieren den Laubabwurf über die Relation von Tag und Nacht, wenn die dunklen und hellen Stunden ein bestimmtes Verhältnis zueinander erreicht haben. Wenn der Baum durch zusätzliche

Hänge-Birke (*Betula pendula*) im Dezember, voll belaubt unter einer Straßenlaterne.

künstliche Beleuchtung nicht in den »Winterschlaf« gehen kann, so bleibt er – oder die davon betroffenen Zweige – auch im Winter vital, mit positiven und negativen Folgen. Positiv kann sein, dass ein Baum länger Fotosynthese betreiben kann. Damit stehen ihm mehr Reserven und Energie zur Verfügung. Tritt aber eine sehr kalte Periode ein, wie es im Winter gelegentlich vorkommen kann, so stellt der Laubwurf einen Schutz dar, der das Abfrieren verhindert. Bäume, die nicht auf den Winter eingestellt sind, sind daher eher frostgefährdet als Individuen, die nicht im Einfluss von künstlicher Beleuchtung stehen. Bei einem etwaigen Frost, der zum Absterben der Blätter führt, geht zudem das Chlorophyll der Blätter verloren, das sonst im Herbst zurückgezogen und in den verholzten Pflanzenteilen über den Winter eingelagert wird. Dieser Rückzug des Chlorophylls hat die herbstliche Blattfärbung zur Folge. Untergeordnete Farbstoffe werden dann dominant und bilden die rote, gelbe oder orange Herbstfärbung. Eine erhöhte Bruchgefahr von beblätterten Ästen durch die vergrößerte Oberfläche ist eine weitere negative Folge. Normalerweise fallen die Blätter mit dem ersten starken Frost dann doch; in Städten kann das durchaus auch erst im Januar sein.

Die vielen Lichter einer Stadt können aber auch für andere Lebewesen zu einem Problem werden, auch an Orten, an denen wir es weniger gut beobachten können. Das gilt etwa für Insekten, die ins Licht fliegen und zu Hunderten an Lampen verenden, für Vögel, deren Orientierungssinn durch das Fehlen der Sicht auf die Himmelskörper gestört wird, oder für Arten, die auf die eigene Leuchtkraft zur Partnersuche angewiesen sind, beispielsweise die Leuchtkäfer (Lampyridae).

Links Robinien (*Robinia pseudoacacia*); rechts Schnurbäume (*Sophora japonica*) und eine Rosskastanie (*Aesculus hippocastanum*) im Dezember in Zürich.

Auf den Mauern der Städte

FARNGEWÄCHSE

Mauerbewohnende Pflanzen sind typische Kulturfolger in Gebieten, in denen wenige natürliche Felsen vorkommen. Schon der Naturforscher Conrad Gessner (1516–1565) beschrieb seinerzeit die Farne in den mittelalterlichen Gemäuern der Stadt Zürich. Weil es unter den Mauerbewohnern auch wintergrüne Farne gibt, brauchen wir für diese Beobachtung nicht auf den Sommer zu warten. Besonders auffällig sind die Bewohner senkrechter Habitate bei Schnee, wenn sonst kaum grün zu sehen ist. Einige kleine Farnarten, darunter die Mauerraute sowie der Braunstielige Streifenfarn, sind in den Städten weit verbreitet.

Die **Mauerraute** (*Asplenium ruta-muraria*) bewohnt kalkreiche Mauern und Felsen. In der Stadt ist sie deshalb recht verbreitet, da der Beton mit seiner Kalkbeimischung eine gute Basis für den Bewuchs mit dieser Art bietet. Mauerrauten sind variabel, was die Form ihrer Wedel angeht. Auch bezüglich der Exposition ihres Lebensraums sind sie nicht sehr anspruchsvoll. Sie leben an trockenwarmen, exponierten Stellen genauso wie im Schatten mit feuchter Umgebung.

Ganz ähnlich, wenngleich nicht so häufig, sind die Standorte des **Braunstieligen Streifenfarns** (*A. trichomanes*), einer Art, die je nach botanischer Fachlektüre in viele Klein- und Unterarten gegliedert wird. Auch diese Art lebt stets an Mauern oder in Felsritzen, viele Unterarten sind auf eher saures Gestein angewiesen. In Zürich finden wir sie deshalb an Mauern aus Verrucano oder Granit, seltener an kalkreicheren Standorten.

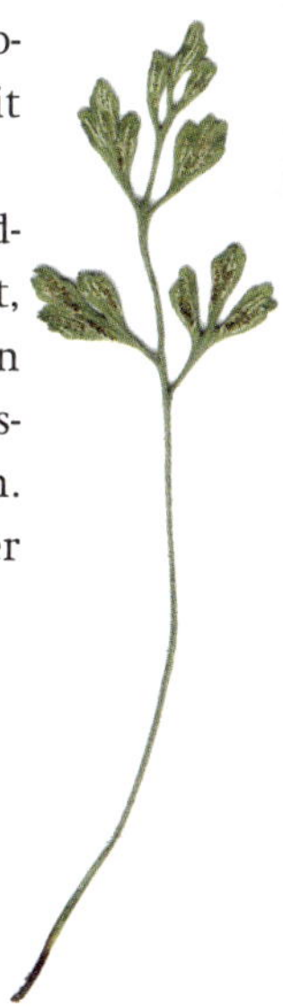

Herbarbeleg: Mauerraute (*Asplenium ruta-muraria*).
Linke Seite: Die Mauerraute wächst gerne an kalkreichem Beton.

Links der Braunstielige Streifenfarn (*Asplenium trichomanes*), darunter der Hirschzungenfarn (*A. scolopendrium*); rechts oben der Schwarzstielige Streifenfarn (*A. adiantum-nigrum*), in der Mitte der Wald-Frauenfarn (*Athyrium filix-femina*) und der Echte Wurmfarn (*Dryopteris filix-mas*) in einem Schacht, unten ein Tüpfelfarn (*Polypodium sp.*).

Aus der gleichen Gattung können wir gelegentlich auch den **Schwarzstieligen Streifenfarn** (*A. adiantum-nigrum*) beobachten.

Einzelne Wedel aus langen, unterirdischen Rhizomen bilden die **Tüpfelfarne** (*Polypodium* spp.), die zumeist an substratarmen Standorten mit hoher Luftfeuchtigkeit wachsen. Die Wedel stoßen einzeln aus dicken, kriechenden Rhizomen, die früher als Süßungsmittel (Engelsüß) genutzt wurden.

Nicht alle Farne in der Stadt sind immer- oder wintergrün. Gerade der an vielen Orten häufigste Stadtfarn, der **Echte Wurmfarn** (*Dryopteris filix-mas*), behält nur an sehr warmen Stellen über den gesamten Winter hinweg seine Wedel. Mit seinem trichterartigen Wuchs und den doppelt geteilten Farnwedeln ist er relativ einfach zu bestimmen und bewohnt Ränder von feuchten, schattigen Gassen oder den Baumschatten gut durchgrünter Wohngebiete.

An feuchten Stellen, in der Nähe von undichten Wasserrohren oder in besonders porösen Kalkmauern können wir den vielerorts geschützten, wintergrünen **Hirschzungenfarn** (*A. scolopendrium*) in urbanen Habitaten antreffen.

Auch in Mitteleuropa regional sehr seltene Farne wie der **Schriftfarn** (*A. ceterach*) und der **Gewöhnliche Frauenhaarfarn** (*A. capillus-veneris*) sind in Mauern von Städten verbreitet. Beide Arten sind wärmeliebend und kommen südlich der Alpen häufiger vor. Ihre Ansprüche ans Habitat unterscheiden sich jedoch deutlich: Während der Schriftfarn trockene Standorte liebt, finden wir den Frauenhaarfarn an sehr feuchten Standorten, etwa bei Brunnen, Wasserläufen oder an Orten mit hoher Luftfeuchtigkeit.

Herbarbeleg: Tüpfelfarn (*Polypodium sp.*).

Elben-Spitzenkletten (*Xanthium albinum*) an der Elbe in der Innenstadt von Dresden.

QUELLENVERZEICHNIS

BÜCHER UND ZEITSCHRIFTEN

Aichele, D. & Schwegler, H.-W. Die Blütenpflanzen Mitteleuropas. Stuttgart: Franckh-Kosmos, 1994.

Amiet, F. & Krebs, A. Bienen Mitteleuropas: Gattungen, Lebensweise, Beobachtung. Bern: Haupt, 2019.

Ammann, P., Häuselmann, S. & Laager, P. Wildpflanzen entdecken: neun Streifzüge durch Winterthur. Winterthur: Stadt-bibliothek Winterthur, 1997.

Avolio, M., Pataki, D. E., Jenerette, G. D. et al. Urban plant diversity in Los Angeles, California: Species and functional type turnover in cultivated landscapes. Plants People Planet 2020, 2, 144–156.

Bodingbauer, S., Hörren, T. & Enß, J. Die Amerikanische Platanen-Netzwanze Corythucha ciliata (Say, 1832) – Erste Nachweise des Neozoons für Westfalen (Heteroptera: Tingidae). Natur und Heimat 2020, 80, 1–8.

Bomble, F. W. Dipsacus pilosus, Behaarte Karde und Dipsacus strigosus, Schlanke Karde (Caprifoliaceae). Jahrbuch des Bochumer Botanischen Vereins 2020, 11, 297–305.

Bornand, C., Gygax, A., Juillerat, P., Jutzi, M., Möhl, A., Rometsch, S., Sager, L., Santiago, H.& Eggenberg, S. Rote Liste Gefässpflanzen. Bern: Bundesamt für Umwelt BAFU und Info Flora, 2016.

Boschi, C. & Heim, R. Die Schneckenfauna der Schweiz: ein umfassendes Bild- und Bestimmungsbuch. Bern: Haupt, 2011.

Brodtbeck, T. Allgemeiner Teil. Spezieller Teil: Lycopodiaceae – Apiaceae: 1133 aufgeführte Arten. Liestal: Verlag des Kantons Basel, 1997.

von Chamisso, A. Reise um die Welt: Das Tagebuch 1815–1818. Berlin: Hoffenberg, 2015.

Chwedorzewska, K. J., Giełwanowska I., Olech, M. et al. Poa annua L. in the maritime Antarctic: an overview. Polar Record 2015, 51, 637–643.

David, H. (Hrsg.). August Endell: Vom Sehen. Texte 1896–1925 über Architektur, Formkunst und »Die Schönheit der grossen Stadt«. Basel, Berlin, Boston: Birkhäuser, 1995.

Davis, M. A., Chew, M. K., Hobbs, R. J. et al. Don't judge species on their origins. Nature 2011, 474, 153–154.

Del Tredici, P. Wild urban plants of the Northeast: a field guide. 2nd ed. Ithaca, London: Comstock Publishing Associates/ Cornell University Press, 2020.

Del Tredici, P. L'urban nature/human nature. In: W. J. Kressand J. K. Stine (Eds.), Livingin the Anthropocene: Earth in the

Age of Humans (pp. 58–61). Washington, DC: Smithsonian Books, 2017.

Delarze, R., Gonseth, Y., Eggenberg, S. & Vust, M. & Delarze, R. Lebensräume der Schweiz: Ökologie – Gefährdung – Kennarten. Bern: Ott der Sachbuchverlag, 2015.

Denters, T. Stadsflora van de Lage Landen. Amsterdam: Fontaine Uitgevers, 2020.

Dove, H. & Adès, H., Royal Botanic Gardens in Kew. William Curtis: The Botanical City. London: Hoxton Mini Press, 2020.

Eggenberg, S., Möhl, A. & Wettstein, S. Flora Vegetativa: ein Bestimmungsbuch für Pflanzen der Schweiz im blütenlosen Zustand. Bern: Haupt, 2020.

Erhardt, W., Götz, E., Bödeker, N. & Seybold, S. Zander Handwörterbuch der Pflanzennamen. 19. Aufl. Stuttgart: Eugen Ulmer, 2014.

Fleischhauer, S. G., Spiegelberger, R. & Guthmann, J. Enzyklopädie essbare Wildpflanzen: 2000 Pflanzen Mitteleuropas; Bestimmung, Sammeltipps, Inhaltsstoffe, Heilwirkung, Verwendung in der Küche. Aarau: AT Verlag, 2014.

Gandy, M. & Jasper, S. The botanical city. Berlin: Jovis, 2020.

Gessner, C. Horti Germaniae. Argentorati, Excudebat Jasias Rihelius, 1561.

Godefroid, S. & Koedam, N. Urban plant species patterns are highly driven by density and function of built-up areas. Landscape Ecology 2007, 22, 1227–1239.

Godet, J.-D. Knospen und Zweige. Einheimische Bäume und Sträucher. 2. Aufl. Stuttgart: Eugen-Ulmer-Verlag 2020.

Hantke, R. Landschaftsgeschichte: Erd-, Klima- und Vegetationsgeschichte der Schweiz und ihrer Nachbargebiete in den letzten 30 Millionen Jahren. Landsberg am Lech: ecomed Fachverlag, 1992.

Heer, O. Die Urwelt der Schweiz. Zürich: Schulthess, 1865. Im Internet: **https://doi.org/10.3931/e-rara-11638** (31.10.2021).

Hoffer-Massard, F., Bornand, C., Vust, M. L. R. & Droz, J. Flore de Lausanne et de sa région. Bussigny: Rossolis, 2006.

Hoste, I. An identification key for the genus Oxalis in Belgium, with comments on the observed species. Dumortiera 2012, 11, 9–22.

Humair, F., Edwards, P. J., Siegrist, M. & Kueffer, C. Understanding misunderstandings in invasion science: why experts don't agree on common concepts and risk assessments. NeoBiota 2014, 20, 1–30.

Ineichen, S. Die wilden Tiere in der Stadt: zur Naturgeschichte der Stadt; die Entwicklung städtischer Lebensräume in Mitteleuropa, verfolgt am Beispiel von Zürich. Frauenfeld: Waldgut, 1997.

Ineichen, S. & Ruckstuhl, M. Stadtfauna: 600 Tierarten der Stadt Zürich. Bern: Haupt, 2010.

Ise, M. S. Pflanzenvielfalt in Städten zwischen Nutzung, Pflege und Verbrachung, am Beispiel der Baumscheiben- und Grabvegetation in zwölf deutschen Städten. Dissertation. Erlangen: Friedrich-Alexander-Universität Erlangen-Nürnberg, 2006.

Keller, C. Baumbewohnende Flechten der Gemeinde Zürich. Meylania 2012, 49, 7–13.

Klaus, G. Zustand und Entwicklung der Moore in der Schweiz. Bern: Bundesamt für Umwelt BAFU, 2007.

Koechlin, F. PflanzenPalaver: belauschte Geheimnisse der botanischen Welt. Basel: Lenos, 2008.

Kowarik, I. & Rabitsch, W. Biologische Invasionen: Neophyten und Neozoen in Mitteleuropa. Stuttgart: Eugen Ulmer, 2010.

Kueffer, C. Plant invasions in the Anthropocene. Science 2017, 358, 724–725.

Kueffer, C. Book Review. Basic and Applied Ecology 2019, 35, 13–17.

Kueffer, C. Ökologische Neuartigkeit: die Ökologie des Anthropozäns. ZiF-Mitteilungen 2013, 1, 21–30.

Küffer, C. Biodiversität wagen – neue Ansätze für den Naturschutz im Zeitalter des Anthropozäns. In: Institut für Landschaft und Freiraum (Hrsg.), Landschafts- und Freiraumqualität im urbanen und periurbanen Raum (S. 74–87). Bern: Haupt, 2016.

Küster, H. Geschichte der Landschaft in Mitteleuropa: von der Eiszeit bis zur Gegenwart. München: C.H. Beck, 1995.

Landolt, E. Veränderung der Flora der Stadt Zürich in den letzten 150 Jahren. Bauhinia 1992, 10, 149–164.

Landolt, E. & Hirzel, R. Flora der Stadt Zürich: 1984–1998. Basel: Birkhäuser, 2001.

Lauber, K., Wagner, G. & Gygax, A. Flora Helvetica: illustrierte Flora der Schweiz: mit Artbeschreibungen und Verbreitungskarten von 3200 wild wachsenden Farn- und Blütenpflanzen, einschliesslich wichtiger Kulturpflanzen. Hauptband. Bern: Haupt, 2018.

Lososová, Z. Horsák, M., Chýtr, M. et al. Diversity of Central European urban biota: effects of human-made habitat types on plants and land snails: Biodiversity of Central European cities. Journal of Biogeography 2011, 38, 1152–1163.

Maggi, M. Essbare Stadt: Wildwuchs auf dem Teller; vegetarische Rezepte mit Pflanzen aus der Stadt. Aarau: AT Verlag, 2014.

Mathieu, J., Backhaus, N., Hürlimann, K., Bürgi, M. (Hrsg.). Geschichte der Landschaft in der Schweiz: von der Eiszeit bis zur Gegenwart. Zürich: Orell Füssli, 2016.

McKinney, M. L. Urbanization as a major cause of biotic homogenization. Biological Conservation 2006, 127, 247–260.

Page, N. M. & Weaver, R. E. Wild plants in the city. New York: Quadrangle/New York Times Book Co., 1975.

Ragettli, D. M., Flückiger, B. & Röösli, D. M. Auswirkungen der Umwelt auf die Gesundheit: Studie im Auftrag des Bundesamtes für Umwelt (BAFU). Swiss TPH/Umwelt und Gesundheit. Bern: Bundesamt für Umwelt (BAFU), 2017.

Reichholf, J. H. Stadtnatur: eine neue Heimat für Tiere und Pflanzen; der Stadt München zum 850. Geburtstag gewidmet. München: Oekom, 2007.

Reynolds, R. Guerilla gardening: ein botanisches Manifest. Berlin: Orange Press, 2012.

Ruoff, M. Schachtelhalm. Drachenmedizin aus der Urzeit: mit vielen Rezepten und Anwendungen. Aarau: AT Verlag, 2019.

Sachsse, R. & Blossfeldt, K. Karl Blossfeldt: Photographs. Köln: Taschen, 1994.

Schroeter, C. Führer durch die Quaianlagen Zürich. Zürich: Gebr. Leemann, 1934.

Seidel, H. Linaria cymbalaria. In: H. Seidel & J. Jahn (Hrsg.), Zwischen City und Idyll: Berlinische Miniaturen (S. 129–138). Berlin: Morgenbuch, 1997.

Seiter, D., McPhearson, T., & Future Green Studio. Spontaneous urban plants: weeds in NYC. New York: Archer, 2016.

Seitz, B., Ristow, M., Meißner, J., Machatzi, B. & Sukopp, H. Rote Liste und Gesamt-artenliste der etablierten Farn- und Blütenpflanzen von Berlin. Berlin: Universitätsverlag der TU Berlin, 2018. doi: 10.14279/DEPOSITONCE-6689.

Slack, A. Carnivorous plants. Cambridge, Massachusetts: MIT Press, 2000.

Stöcklin, J. Die Pflanze. Moderne Konzepte der Biologie. Bern: Eidgenossische Ethikkommission für die Biotechnologie im Ausserhumanbereich, 2007.

Storl, W.-D. & Brunke, F. Wandernde Pflanzen: Neophyten, die stillen Eroberer: Ethnobotanik, Heilkunde und Anwendungen. Aarau: AT Verlag, 2014.

Sukopp, H. & Kovarik, I. Stinsenpflanzen in Mitteleuropa und deren agriophytische Vorkommen. Ber. Inst. Landschafts-Pflanzenökologie Univ. Hohenheim 2007, 81–90.

Weber, E. & Broennimann, O. Invasive Pflanzen der Schweiz: erkennen und bekämpfen. Bern: Haupt, 2013.

Weber, E. & Mühlbauer, R. Die Pflanze, die gern Purzelbäume schlägt: und andere Geschichten von Seidelbast, Walnuss und Co. München: Oekom, 2018.

Wiedermann, R. 4. Stadtbiotope – flüchtige Paradiese. Zur Stadtvegetation von Graz. Grüne Reihe des Lebensministeriums 1994, 4, 66–136.

Wittenberg, R. Gebietsfremde Arten in der Schweiz. Eine Übersicht über gebietsfremde Arten und ihre Bedrohung für die biologische Vielfalt und die Wirtschaft in der Schweiz. Bern: Bundesamt für Umwelt BAFU, 2006.

Wittig, R. Siedlungsvegetation: 40 Tabellen. Stuttgart: Eugen Ulmer, 2008.

Wohlgemuth, T., Del Fabbro, C., Keel, A., Kessler, M. & Zürcherische Botanische Gesellschaft. Flora des Kantons Zürich. Bern: Haupt, 2000.

Zurbuchen, A. & Müller, A. Wildbienenschutz: von der Wissenschaft zur Praxis. Bern: Haupt, 2012.

INTERNETQUELLEN

Bau- und Verkehrsdepartement Basel-Stadt – Stadtgärtnerei. Unbekannte Schätze vor der Haustür – Ergebnisse des Naturinventars im Kanton Basel-Stadt. Schlussbericht zum Inventar der schutzwürdigen Naturobjekte im Kanton Basel-Stadt. Im Internet: https://www.stadtgaertnerei.bs.ch/dam/jcr:73aaadc5-43d3-493a-9e54-48d62dbada84/151_Unbekannte%20Schaetze%20vor%20der%20Haustuer_Naturinventar_2011.pdf.

Bestimmungshilfe des Lepiforums: Hyles Vespertilio. https://lepiforum.org/wiki/page/Hyles_Vespertilio.

Bestimmungshilfe des Lepiforums: Proserpinus Proserpina. https://www.lepiforum.de/lepiwiki.pl?Proserpinus_Proserpina.

Bochumer Botanischer Verein. Startseite der Homepage des Bochumer Botanischen Vereins. https://www.botanik-bochum.de/.

Bundesamt für Bevölkerungsschutz. Ausbreitung invasiver Arten – Katastrophen und Notlagen Schweiz 2020 / Gefährdungsdossier. 2020. https://www.babs.admin.ch/content/babs-internet/de/aufgabenbabs/gefaehrdrisiken/natgefaehrdanalyse/gefaehrddossier/_jcr_content/contentPar/accordion/accordionItems/naturbedingte_gef_hr/accordionPar/downloadlist/downloadItems/140_1604482742268.download/13-Invasive-Arten-GD-de.pdf.

Cox, C. Eager crowds, budding photographers are trampling Antelope Valley's poppies. Artikel vom 10.04.2017. https://signalscv.com/2017/04/eager-crowds-budding-photographers-trampling-antelope-valleys-poppies/.

Global Biodiversity Information Facility (GBIF). https://www.gbif.org/.

Handwebmuseum Rupperath. Karden – stachelige Helfer bei der Textilbearbeitung. https://www.handweb-museum.de/karden/.

Husum. Krokusblüte Husum | das Blütenwunder des Nordens. https://www.husum-tourismus.de/Reisefuehrer/Typisch-Husum/Krokusbluete.

Info Flora. https://www.infoflora.ch/de/.

Info Flora. Chinesische Samtpappel (Malvaceae, Malvengewächse), Abutilon theophrasti Medik. Info Flora 2020. https://www.infoflora.ch/en/assets/content/documents/neophyten/inva_abut_the_d.pdf.

Info Flora. Schmalblättriges Greiskraut (Asteraceae, Korbblütler), Art der Schwarzen Liste. Info Flora 2020. https://www.infoflora.ch/en/assets/content/documents/neophyten/inva_sene_ina_d.pdf.

Kaesler, D. Kein Kampf den Artfremden! Warum wir eine Ethik der Alterität entwickeln müssen. Abstimmungen mit der Welt. Artikel vom 29.03.2012. https://literaturkritik.de/id/16512.

Map of Life (MOL) – Species Maps. https://mol.org/species/.

Pflanzenforschung.de. An Arabidopsis führt kein Weg vorbei: Pflanzenforschung.de. https://www.pflanzenforschung.de/de/pflanzenwissen/journal/arabidopsis-fuehrt-kein-weg-vorbei-687.

Statista. Prognose zum Anteil der Bevölkerung in Städten weltweit bis 2050. https://de.statista.com/statistik/daten/studie/37084/umfrage/anteil-der-bevoelkerung-in-staedten-weltweit-seit-1985/.

Swan, C. Urban nature: What kinds of plants and wildlife flourish in cities? Artikel vom 27.07.2017. https://theconversation.com/urban-nature-what-kinds-of-plants-and-wildlife-flourish-in-cities-71680.

vogelwarte.ch. Haubenlerche. https://www.vogelwarte.ch/de/voegel/voegel-der-schweiz/haubenlerche.

Wikipedia. Greiskräuter. https://de.wikipedia.org/wiki/Greiskr%C3%A4uter.

Wikipedia. Heinrich Seidel. https://de.wikipedia.org/wiki/Heinrich_Seidel.

Wikipedia. Kratzen (Werkzeug). https://de.wikipedia.org/wiki/Kratzen_(Werkzeug).

Wikipedia. Wunder-Lauch. https://de.wikipedia.org/wiki/Wunder-Lauch.

Alle Internetseiten wurden am 31. Oktober 2021 letztmals abgerufen.

WEITERFÜHRENDE INFORMATIONEN ZUR PFLANZENBESTIMMUNG

Bestimmungsliteratur und Verbreitungskarten für die Flora in Mitteleuropa:
Deutschland: https://www.floraweb.de
Österreich: http://flora.nhm-wien.ac.at/
Schweiz: https://www.infoflora.ch

Bestimmungshilfe per App: Flora incognita; Datenbank mit eigener Florenerkennung:
https://floraincognita.com/

Verbreitungskarten von Arten weltweit:
www.inaturalist.org

Alle Internetseiten wurden am 31. Oktober 2021 letztmals abgerufen.

DANK

Herzlich danke ich folgenden Personen für ihren Input, das Durchlesen meines Manuskripts, fachliche Gespräche oder die Angabe sachdienlicher Quellen:

Prof. Dr. Christoph Küffer, Institut für Landschaft und Freiraum (ILF), Rapperswil
Dani Pelagatti, Agasul
Prof. Dr. Gregor Kozlowski, Universität und Botanischer Garten der Universität Freiburg
Maurice Maggi, Koch und Gärtner, Zürich
Peter del Tredici, Botaniker, Harvard University und Arnold Arboretum of Harvard University, Boston

Weiter danke ich für die finanzielle Unterstützung folgenden Institutionen:

Schweizerische Eidgenossenschaft
Confédération suisse
Confederazione Svizzera
Confederaziun svizra

Bundesamt für Umwelt BAFU

Stadt Zürich
Grün Stadt Zürich

AUTOR

Jonas Frei, geboren 1992, ist Landschaftsarchitekt und Stadtökologe. Fasziniert von der Natur und ihrer Geschichte setzt er Projekte als Dokumentarfilmer, in der Landschaftsarchitektur sowie als Fotograf, Illustrator, Grafiker und Autor um. Er lebt und arbeitet in der Schweiz.

STICHWORTVERZEICHNIS

D

E

L

M

N

O

P

S

X

Y

Z

»Wer niemals die köstlichen Biegungen der Grashalme,
die wunderbare Unerbittlichkeit des Distelblattes,
die herbe Jugendlichkeit sprießender Blattknospen in Entzücken versetzt haben,
wen nie die wuchtige Gestaltung einer Baumwurzel,
die unerschütterliche Kraft geborstener Rinde, die schlanke Geschmeidigkeit
eines Birkenstammes, die große Ruhe weiter Blättermassen gepackt
und bis in die Tiefen seiner Seele erregt haben, der weiß noch nichts
von der Schönheit der Formen.»

August Endell, Vom Sehen, 1909

Cover:
Vorderseite: Klatschmohn (*Papaver rhoeas*)
Rückseite: Skizze: Berg-Klee (*Trifolium montanum*)

AT Verlag AG, Aarau und München
Fotografie: Jonas Frei; Seite 335: Norman Eppenberger
Illustrationen: Jonas Frei
Lektorat: Stefanie Teichert
Layout: Jonas Frei; Heidy Schuppisser, AT Verlag
Bildbearbeitung: Thomas Humm, Matzingen
Druck und Bindearbeiten: Printer Trento, Trento
Printed in Italy

ISBN 978-3-03902-133-8

www.at-verlag.ch

Der AT Verlag wird vom Bundesamt für Kultur
für die Jahre 2021–2024 unterstützt.

Prunus avium
Galium aparine
Ajuga reptans
Ranunculus ficaria
Potentilla sterilis
Carpinus betulus
Amelanchier
Acer
Lamium purpureum
Viola odorata
Plantago coronopus
Hedera Helix
Taraxacum vulgare
Aquilegia vulgaris
Anthriscus sylvestris
Silber-Ahorn
Knoblauchsrauke
Alliaria petiolata
Muscari neglectum
Silene nutans
Symphytum grandiflorum